# Berichte

des

# Verbandes der Laboratoriums-Vorstände

## an deutschen Hochschulen.

**Fünftes Heft.**

(20. September 1903.)

Leipzig
Verlag von Veit & Comp.
1903

# INHALT.

# A.

# PROTOKOLL

der

## V. Jahresversammlung des Verbandes der Laboratoriums-Vorstände deutscher Hochschulen

am 21. September 1902

**in der Aula des Gymnasiums zu Karlsbad.**

Vorsitzender: A. v. Baeyer.

Anwesend: A. v. Baeyer, E. Fischer, Landolt, Liebermann, Lossen, E. v. Meyer, Möhlau, Ostwald.

1. Der Vorsitzende begrüßt die Erschienenen und eröffnet die Versammlung.

2. Liebermann schlägt vor, die Versammlung am Nachmittag des Begrüßungstages der Naturforscherversammlung abzuhalten. Die Zeit zwischen 6 und 8 Uhr wird als die geeignetste befunden und daher 6 Uhr am Sonntag als Zeitpunkt für den Beginn der Versammlung im nächsten Jahre festgesetzt.

3. Vorstandswahl. Der Vorstand wird wiedergewählt.

4. Das Protokoll der vorjährigen Versammlung wird verlesen und genehmigt.

5. Der Schriftführer erstattet Bericht und macht im besonderen auf redaktionelle Schwierigkeiten bei Herstellung des Berichtes aufmerksam, welche dadurch entstehen, daß einzelne Punkte des Statuts verschieden aufgefaßt und gelegentlich auch mißverstanden werden. Zur Behebung derselben wird vorgeschlagen, an die Mitglieder des Verbandes ein gedrucktes Rundschreiben zu versenden, welches die fraglichen Punkte beleuchtet. Wird genehmigt.

6. E. Fischer wünscht, unter Begründung durch amtliche Verhältnisse, daß als Termin für den Abschluß der Liste der Dissertationen der 1. (und nicht, wie bisher, der 25.) April gewählt wird. Angenommen.

7. Lossen berichtet über die Königsberger Verhältnisse, die zur Aufnahme von Prof. Stutzer-Königsberg in den Verband geführt haben. In der Diskussion hierüber wird betont, daß dieselbe nicht als Präzedenzfall anzusehen sei. Die Aufnahme wird unter besonderer Berücksichtigung der Königsberger Verhältnisse genehmigt.

8. Der Vorsitzende erstattet Bericht über das Jahr 1902.

a) Personalien: In den Verband sind eingetreten die Herren: Erdmann, Stutzer, Thiele und W. Wislicenus. Durch den Tod ausgeschieden ist v. Pechmann, durch Inaktivierung Poleck. — Herr Bülow hat während des Sommersemesters 1902 als Vertreter für v. Pechmann fungiert. Jetziger Bestand 62 Mitglieder.

b) Die Anfrage von Prof. Stavenhagen-Berlin, Vorsteher des Chemischen Laboratoriums der Königl. Kriegs-Akademie, bezüglich der Aufnahme in den Verband ist statutengemäß abgelehnt worden. Wird gebilligt.

c) Die Direktion des Technikums Altenburg hat den Antrag gestellt, die Dozenten für Chemie dieser Anstalt zur Ausstellung von Verbandszeugnissen zu ermächtigen. Die vorläufige abschlägige Antwort wird bestätigt.

9. Der Vorsitzende teilt mit, daß seitens der Regierungen die Absicht besteht, die Titel der philosophischen Doktordissertationen im Reichsanzeiger zu veröffentlichen und schlägt vor, dieselben trotzdem auch fernerhin in die Verbandsberichte aufzunehmen. Wird genehmigt.

10. Aus Anlaß eines Wunsches von Engler, die Diplomarbeiten und Dissertationen in den Berichten getrennt aufzuführen, wird die Frage erörtert, wiefern die Aufnahme der ersteren überhaupt berechtigt ist. Unter Zustimmung der anwesenden Vertreter der Technischen Hochschulen wird beschlossen, die Diplomarbeiten künftig nicht mehr in die Berichte aufzunehmen, wobei besonders der Gesichtspunkt mit bestimmend ist, daß die Titel der dem Charakter nach jenen etwa entsprechenden Arbeiten der Lehramtskandidaten ja auch nicht publiziert werden.

11. Auf Grund einer Mitteilung von Engler an den Schriftführer, daß die Kandidaten, die die Diplomvorprüfung abgelegt haben, freiwillig auf das Verbandszeugnis verzichten, wird beschlossen, Prof. Engler — mit Rücksicht auf die Bestimmung (§ 5), daß die Verbandsmitglieder verpflichtet sind, nur solchen Kandidaten ein Thema zu einer Doktordissertation zu geben, die das Verbandszeugnis besitzen — zu ersuchen, das Zeugnis der Einheitlichkeit wegen auch dann auszustellen, wenn der Kandidat den Wunsch nicht besonders äußert.

12. Rich. Meyer und Beckurts einerseits und Hempel, E. v. Meyer und Möhlau anderseits haben den Antrag gestellt, in die Zeugnislisten und entsprechend in die Berichte einen Vermerk aufzunehmen, der erkennen läßt, ob das Zeugnis auf Grund der Verbands- (V) oder der Diplomvorprüfung (D) ausgestellt worden ist. Der Antrag wird angenommen. Die Mitglieder werden daher ersucht, den Charakter der Prüfung bis zum Aufbrauch der noch vorhandenen Listen durch Beifügung eines V, D oder N (siehe Punkt 14) in einer auf das Datum folgenden Rubrik zu kennzeichnen.

13. Wallach und Nernst haben beantragt, die Direktoren von Ober-Realschulen zu bitten, die Absolventen, welche Chemie studieren wollen, auf die Notwendigkeit, etwas Latein zu wissen, hinzuweisen. Der Antrag wird abgelehnt, da der Gegenstand nicht in das Tätigkeitsgebiet des Verbandes fällt.

14. Prof. v. Buchka und Prof. König wünschen, daß die Vorprüfung der Nahrungsmittelchemiker als Ersatz für die mündliche Verbandsprüfung gelten soll, wenn der Examinator Mitglied des Verbandes ist. Die praktische Verbandsprüfung soll aber gefordert werden. Der Vorsitzende weist darauf

hin, daß dies nach § 3 der Ausführungsbestimmungen zulässig sei; Voraussetzung sei allerdings, daß die praktische Prüfung der mündlichen voraufgehe. Es wird, nachdem E. Fischer und Lossen diese Ausführungen in der Diskussion unterstützt haben, beschlossen, den Antragstellern folgendes zu antworten: Ein Verbandsmitglied, welches Examinator in der Vorprüfung für Nahrungsmittelchemiker ist und das zweimalige Examinieren vermeiden will, kann das Verbandszeugnis auf Grund des Nahrungsmittelchemikerexamens ausstellen, wenn es die Vorprüfung in einem dem Verbandsexamen entsprechenden Umfange abhält. Voraussetzung ist dabei jedoch, daß der Kandidat nicht länger als sechs Monate vorher bei demselben Verbandsmitgliede den praktischen Teil der Verbandsprüfung absolviert hat. Die praktische Prüfung nach der mündlichen abzuhalten, ist in keinem Falle gestattet. Für die Benennung dieser Prüfung auf den Zeugnissen und in den Listen (siehe Punkt 12) wird die Abkürzung N eingeführt.

15. Prof. Engler hat für den Fall, daß auch Studierende zur Verbandsprüfung zugelassen werden, die a) an derselben Hochschule bei anderen Dozenten studiert resp. gearbeitet haben, oder b) an anderen deutschen Hochschulen, deren Vorstände dem Verbande angehören resp. nicht angehören können, oder c) an Anstalten und Laboratorien (ausländischen Hochschulen, inländisch-deutschen Anstalten verschiedenster Art), deren Vorstände dem Verbande nicht angehören — den Antrag gestellt, daß Verbandszeugnisse, die auf unrechtmäßige Weise erworben sind, auf Antrag des Laboratoriumsvorstandes, welcher das Zeugnis ausgestellt hat, durch Beschluß der Generalversammlung oder durch den Vorsitzenden des Verbandes für ungültig erklärt und, sofern die Namen der Besitzer in die Verbandslisten eingetragen sind, in diesen wieder gestrichen werden können. — Die Versammlung lehnt die Aufnahme einer derartigen Bestimmung in die Statuten aus folgenden Gründen, die in der Diskussion zur Geltung gebracht werden, ab.

Die Frage, ob in den unter a), b), resp. c) genannten Fällen die Zulassung erfolgen kann, findet durch den § 5 der Ausführungsbestimmungen ihre Beantwortung. Danach dürfen zwar fremde Studierende (auch solche, die auf ausländischen Anstalten studiert haben) zur Prüfung zugelassen werden, doch ist der Laboratoriums-Vorstand zur Abnahme der Prüfung nur dann verpflichtet, wenn der Studierende mindestens ein Semester in dem betreffenden Laboratorium gearbeitet und sich nach Ansicht des Vorstandes die nötigen Kenntnisse erworben hat. — Die Zurückweisung von der Prüfung kann ohne nähere Begründung erfolgen.

Die Versammlung erachtet die Erwerbung nur dann als unrechtmäßig, wenn eine sachliche Fälschung bei den Analysen nachgewiesen werden kann. Die Annullierung der praktischen Prüfung oder, falls die Fälschung erst nach Abhaltung der mündlichen Prüfung erkannt würde, des bereits ausgestellten Zeugnisses kann dann selbstverständlich erfolgen, ohne daß es besonderer Bestimmungen bedürfte. Im allgemeinen wird der Laboratoriums-Vorstand ermächtigt sein, die Annullierung auszusprechen, im Falle einer Differenz der Vorsitzende oder die Hauptversammlung.

16. Liebermann macht Mitteilung über den Stand der Verbandskasse, der nicht ungünstig ist. Es wird dem Kassierer Entlastung erteilt und beschlossen, den Verbandsbeitrag von 10 ℳ auch für 1903 fortzuerheben.

## Kassabericht.

a) Einnahmen:

| | | |
|---|---|---|
| Kassenbestand im Vorjahre | ℳ | 666.54 |
| Mitgliederbeiträge 61 zu 10 ℳ | » | 610.— |
| Zinsen bis 1. Oktober 1902 | » | 33.75 |
| Gesamteinnahme | ℳ | 1310.29 |

b) Ausgaben:

| | | |
|---|---|---|
| Renumeration des Gehülfen des Schriftführers für 1901 | ℳ | 150.— |
| » » » » » » 1902 | » | 150.— |
| » » » » » » Protokollführung, Reise zur Naturforscher-Versammlung usw. | » | 150.— |
| Abrechnung mit der Verlagsbuchhandlung für Bericht No. 3 | » | 309.45 |
| Diverse | » | 85.50 |
| Gesamtausgabe | ℳ | 844.95 |
| Gesamteinnahme | ℳ | 1310.29 |
| ab Gesamtausgabe | » | 844.95 |
| Kassenbestand | ℳ | 465.34 |

17. Der Schriftführer macht in Anbetracht der ziemlich großen Herstellungskosten der Berichte und des nur unbedeutenden Absatzes, den der Verleger damit erzielt, den Vorschlag, daß sich der Verband mit zwei Dritteln an der Tragung der Kosten beteiligt. Es wird beschlossen, dies zunächst für den vierten Bericht zu tun.

Zur Vergrößerung des Absatzes, der besonders für die Verbreitung der Tätigkeit des Verbandes nicht unwichtig ist, wird beschlossen, die Mitglieder des Verbandes zu bitten, in ihren Instituten das Erscheinen der Berichte durch die beifolgenden Plakate anzuzeigen und die Erlangung der Berichte im Institut[1] zu ermöglichen.

18. Das Gehalt des Sekretärs wird von 150 auf 300 ℳ erhöht. Dafür wird demselben die Verpflichtung auferlegt, auf den Versammlungen zu erscheinen und das Protokoll zu führen.

**v. Baeyer,** Vorsitzender. **W. Ostwald,** Schriftführer.

[1] Die Verlagsbuchhandlung Veit & Comp. in Leipzig ist bereit, die Berichte den Mitgliedern des Verbandes zum Buchhändlerpreise in Kommission zu geben.

## B.

# Rundschreiben an die Mitglieder des Verbandes

### die Führung der Listen und die Ausstellung der Verbands-Zeugnisse betreffend.

Unter Hinweis auf Punkt 5 des Protokolls der Hauptversammlung in Karlsbad unterbreitet der Vorstand den Mitgliedern des Verbandes. das folgende Rundschreiben und empfiehlt dasselbe zur Beachtung für die Ausstellung von Zeugnissen und für die Eintragung der letzteren in die Listen.

1. **Schema für das Verbandszeugnis**

Herr X aus

Vorbildung:

hat die Verbandsprüfung in folgenden Fächern bestanden:

| Prüfungsgegenstand | Examinator[1] | Hochschule | Datum | Art der Prüfung[2] |
|---|---|---|---|---|
| Praktische Prüfung . | v. Baeyer | Universität München | 25./7. 98 | Laboratoriumsjournal oder V, oder D |
| Anorganische Chemie | v. Baeyer | Universität München | 1./11. 98 | V, oder D, oder N[3] |
| Analytische Chemie . | v. Baeyer | Universität München | 1./11. 98 | V, oder D, oder N |
| Organische Chemie . | Liebermann | Techn. Hochschule Berlin | 10./5. 99 | V, oder D, oder N |

2. **Examinatoren.** Hinsichtlich der Angabe der Examinatoren soll, da bisweilen ein anderer Modus befolgt wird, noch ausdrücklich an den Beschluß der Hauptversammlung in Düsseldorf erinnert werden, wonach nur die Verbandsmitglieder, d. h. die Laboratoriumsvorstände selbst, nicht aber der eventuell unter ihrem Vorsitz examinierende Abteilungsvorstand oder Assistent ihre Namen in die Zeugnisse und Listen eintragen.

3. **Vorbildung.** Da die Angabe der Vorbildung in den Listen und entsprechend in den Berichten in ziemlich abweichender Weise gehandhabt wird, sei zur Erreichung einer größeren Einheitlichkeit in dieser Beziehung darauf hingewiesen, daß es sich bei Anstalten mit behördlich organisierten Unterrichtsplänen einerseits um die Angabe des Charakters der Schule handelt, und anderseits um die Angabe der erreichten Stufe, d. h. der mit (Versetzungs-) Zeugnis absolvierten Klasse. Z. B. Gymnasium (Absolv.); Realgymnasium (Unterpr.); Oberrealschule (Obersek.); Realprogymnasium

[1] Die Namensunterschrift bedeutet, daß der Kandidat das Examen bestanden hat. Nur Verbandsmitglieder sind berechtigt, die Bescheinigung auszustellen.

[2] V bedeutet: Verbandsprüfung, D: Diplomvorprüfung, N: Nahrungsmittelchemikervorprüfung.

[3] Vergleiche die Bestimmungen über die Prüfung von Nahrungsmittelchemikern im Karlsbader Protokoll No. 14.

(Absolvent); Realschule (Absolvent); Gewerbeakademie (n Semester); Industrieschule (2 resp. 3 Klassen) usw.

Bei Apothekern hat sich der Modus schon ziemlich allgemein eingebürgert, von der besonderen Angabe der meist gleichartigen Schulbildung (6klassige Schule oder Untersekunda einer 9klassigen) abzusehen und nur die im Staatsexamen erhaltene Note anzugeben.

Bei (ausländischen) Studierenden, die ihre Vorbildung auf ausländischen Schulen erledigt haben, erscheint es mit Berücksichtigung des verschiedenen Wertes der einzelnen Anstalten angemessen, zur näheren Bestimmung neben dem Charakter der Schule auch den Ort, an dem sie sich befindet, anzugeben.

4. **Ausstellung eines Duplikats.** Für den Fall, daß ein Zeugnis verloren geht oder durch Beschädigung unbrauchbar wird, kann dem Kandidaten ein Duplikat ausgestellt werden. Entsprechende Formulare, die keine aufgedruckten Nummern haben, können im Bedarfsfalle von dem Schriftführer bezogen werden. Um einen Mißbrauch des alten Zeugnisses zu erschweren, sollen die Namen der Inhaber und die Zeugnisnummer im Verbandsbericht bekannt gegeben werden. Bei der Erteilung des Auftrages für Zusendung eines Duplikatformulars wolle man daher dem Schriftführer die entsprechenden Angaben machen.

5. **Eintragung der Zeugnisse in die Listen.** Da sich entsprechende Irrtümer in den Listen vor dem Satze leicht der Beobachtung entziehen und besonders nach Umbrechen des Satzes nur umständlich beseitigen lassen, wird unter Bezugnahme auf die Überschriften, die die Verbandszeugnislisten tragen, darauf hingewiesen, daß in die gelben Listen, die dem Schriftführer zur Veröffentlichung eingesandt werden, nur die Kandidaten aufzunehmen sind, die das Verbandsexamen vollständig (also auch die Prüfung in organischer Chemie) bestanden haben. Für den Fall, daß ein Kandidat die Prüfung an zwei Hochschulen ablegt, wird derselbe nur in der Liste des Instituts geführt, in welchem der letzte Teil der Prüfung erledigt worden ist, dagegen wird in den Listen der Name des Laboratoriums-Vorstandes an erster Stelle erwähnt, bei dem die praktische und die erste mündliche Prüfung erledigt worden ist.

6. **Termin für die Einsendung der Listen.** Die Listen der Verbandszeugnisse werden mit dem Ende eines jeden Semesters abgeschlossen, die Listen der Dissertationen am 1. April jedes Jahres. Die Einsendung der Listen an den Schriftführer erfolgt daher am besten Ende des Wintersemesters resp. in den ersten Tagen des April, spätestens aber am Anfange des Sommersemesters.

| v. Baeyer, | W. Ostwald, |
|---|---|
| Vorsitzender. | Schriftführer. |

## C.

# Ausführungsbestimmungen

## für die Verbandsprüfung,

**angenommen in der Verbandsversammlung vom 12. März 1898.**

§ 1.

Das Verbandsexamen besteht aus einer praktischen Prüfung in qualitativer, quantitativer und Maßanalyse und ferner in einer mündlichen Prüfung in analytischer und unorganischer Chemie, sowie in den Elementen der organischen Chemie.

§ 2.

Der Zweck dieser Prüfung ist ein dreifacher. Für die Studierenden soll dieselbe ein Abschluß für die Vorbereitungsstudien sein. Den Laboratoriums-Vorständen soll dadurch ein Mittel an die Hand gegeben werden, um einerseits zu kontrollieren, ob die in ihrem Laboratorium arbeitenden Studierenden nach allen Seiten hin in der elementaren Chemie hinreichend ausgebildet sind, und andrerseits die fremden Studierenden, welche von andern Hochschulen oder von Privatlaboratorien kommen, auf ihre Kenntnisse zu prüfen und eventuell zu einer Repetition zu veranlassen. Drittens soll die Prüfung den Industriellen oder anderen Personen, welche Chemiker anstellen, eine Garantie dafür geben, daß der Bewerber die notwendigen elementaren Kenntnisse besitzt. Die bisherigen Einrichtungen haben erfahrungsmäßig hierfür nicht ausgereicht.

§ 3.

Da durch die Verbandsprüfung eine gleichmäßige Ausbildung der Studierenden in den Elementen erzielt werden soll, so ist selbstverständlich, daß die Anforderungen an allen Hochschulen in sachlicher Beziehung einheitlich sein müssen. Dagegen kann die Form, in der sich der Lehrer von dem Vorhandensein der geforderten Kenntnisse überzeugt, eine verschiedene sein. So kann z. B. an technischen Hochschulen ein Verbandszeugnis auf Grund einer Diplomvorprüfung oder einer Schlußprüfung ausgestellt werden, wenn in letzteren mindestens eben so viel verlangt wird als in ersterer. Auch an Universitäten soll kein besonderer Modus für das Examen vorgeschrieben werden. Es bleibt dem Examinator überlassen, wie er sich von dem Vorhandensein der Kenntnisse überzeugen will, er haftet aber durch seine Namensunterschrift dafür, daß der Kandidat zur Zeit der Prüfung die vom Verbande geforderten Kenntnisse besessen hat. Verbandszeugnisse auf Grund der Versicherung eines Studierenden, daß er die geforderten Kenntnisse besitze, oder auf das Zeugnis eines anderen Lehrers hin auszustellen, ist daher unzulässig. Was die Ausführung der praktischen Prüfung betrifft, so kann die Überwachung derselben von dem Vorstande einem Abteilungsvorstand oder Assistenten übertragen werden, der Vorstand übernimmt aber persönlich die Verantwortung und bescheinigt das Bestehen der Prüfung durch seine Namensunterschrift. In Laboratorien, wo ein Laboratoriumsjournal eingeführt ist, kann das Bestehen der praktischen Prüfung auch auf Grund dieses Journals bezeugt werden.

§ 4.

Die praktische Prüfung und die mündliche Prüfung in der analytischen und in der unorganischen Chemie muß an ein und derselben Hochschule innerhalb 6 Monaten abgelegt werden. So kann z. B. die praktische Prüfung am Ende des Sommersemesters, die mündliche zu Anfang des Wintersemesters stattfinden. Stets muß aber die praktische Prüfung der mündlichen vorangehen. Verbandszeugnisse über die praktische Prüfung allein haben daher an einer anderen Hochschule keine Gültigkeit.

Die mündliche Prüfung in organischer Chemie kann auch an einer anderen Hochschule und zu einer beliebigen Zeit abgehalten werden.

§ 5.

Als erstrebenswertes Ziel wird hingestellt, daß der Examinator nur solche Studierende examiniert, die in seinem Laboratorium gearbeitet haben. Den tatsächlichen Verhältnissen entsprechend, ist es indessen auch gestattet, fremde Studierende zu prüfen, namentlich auch solche, welche auf ausländischen Anstalten studiert haben. Beanspruchen können die Zulassung indessen nur diejenigen, welche mindestens ein Semester in dem betreffenden Laboratorium gearbeitet und sich nach Ansicht des Vorstandes die nötigen Kenntnisse erworben haben. Der Eintritt in den Verband verpflichtet den Laboratoriums-Vorstand, solche Studierende zu prüfen, während die Prüfung von anderen seinem freien Ermessen anheimgestellt wird. Die Prüfung erfolgt auf Antrag des Studierenden oder auf Wunsch des Vorstandes. Besteht der Studierende die Prüfung nicht, so wird auch kein Zeugnis ausgestellt. Vorschriften über die Wiederholung der Prüfung werden nicht gegeben.

Die Verbandsmitglieder sind verpflichtet, nur solchen Studierenden, welche die Verbandsprüfung bestanden haben, ein Thema für eine Doktor- oder Diplomarbeit zu geben.

§ 6.

# Umfang der Verbandsprüfung.

## Die praktische Prüfung.

Die praktische Prüfung zerfällt in drei Teile:

### a) Ausführung einer qualitativen Analyse.

In dieser Prüfung wird gefordert, daß der Kandidat in einem eigens zu diesem Zweck dargestellten Gemisch alle Bestandteile nachweist. Das Gemisch soll eine größere Anzahl von Stoffen enthalten, aber nur solche, welche in dem allgemein üblichen Gang der Analyse vorkommen.

### b) Quantitative Analyse.

In der quantitativen Analyse wird das Hauptgewicht auf die Genauigkeit der Bestimmung gelegt. Dem Kandidaten ist die qualitative Zusammensetzung der Mischung mitzuteilen, er hat darin zwei bis drei Stoffe, deren Trennung und Bestimmung in dem üblichen analytischen Gang vorkommen, quantitativ zu bestimmen.[1]

### c) Maßanalytische Aufgabe.

Bei diesem Teile der Prüfung muß der Kandidat alle zur Verwendung kommenden Normallösungen selbst darstellen.

---

[1] Da die Ansichten über das, was in der quantitativen Analyse gefordert werden muß, ziemlich weit auseinandergehen, sind im folgenden einige Beispiele von Aufgaben aufgeführt:

1. Gemisch von Chlorkalium und Jodkalium.
   In einer Portion ist Jod und Chlor zu bestimmen, in einer zweiten Alkali als Sulfat.
2. Kupfersulfat und Mohrsches Salz.
   In einer Portion Kupfer und Eisen.
3. Kupfersulfat und Zinksulfat.
   In einer Portion Kupfer und Zink, in einer zweiten Schwefelsäure.
4. Magnesiumsulfat und Kaliumsulfat, nicht das Doppelsalz.
   In einer Portion Magnesium und Kalium, in einer zweiten Schwefelsäure.
5. Quecksilberchlorid und Wismutnitrat.
6. Chromalaun und Tonerdealaun.
7. Kaliumpermanganat und Kupfersulfat.
8. Chlorkalium, Chlornatrium, Chlorammonium.
   In einer Portion Kalium und Natrium, in einer zweiten Chlor.
9. Schwefelkadmium und Zinnober mit Schwefel gemengt.
   Schwefel durch Schmelzen zu oxydieren und als Baryumsulfat zu bestimmen.
10. Reiner Orthoklas und Quarzpulver.
    Kieselsäure- und Tonerdebestimmung.

## Die mündliche Prüfung.

Die mündliche Prüfung zerfällt in drei Abschnitte:

### a) Analytische Chemie.

In der qualitativen Analyse soll der Kandidat den Nachweis der in dem üblichen Gang vorkommenden Stoffe kennen. In der quantitativen Analyse wird die Kenntnis der Trennungs- und Bestimmungsmethoden der wichtigeren Elemente und ihrer Verbindungen verlangt.

### b) Unorganische Chemie.

In diesem Fache wird die Kenntnis der Disziplin in dem Umfange gefordert, wie sie in der Regel in den Vorlesungen über unorganische Experimentalchemie vorgetragen wird.

### c) Organische Chemie.

Kenntnis der Grundzüge der organischen Chemie.

**v. Baeyer,**
Vorsitzender.

**W. Ostwald,**
Schriftführer.

D.

# Mitgliederverzeichnis vom 20. September 1903.

## Vorstand:

Erster Vorsitzender: A. v. **Baeyer**, München.
Zweiter Vorsitzender: H. **Bunte**, Karlsruhe i. B.
Erster Beisitzer: E. **Fischer**, Berlin.
Zweiter Beisitzer: E. v. **Meyer**, Dresden.
Schriftführer u. Leiter d. Berichtes: W. **Ostwald**, Leipzig.
Schatzmeister: C. **Liebermann**, Berlin - Charlottenburg.

## Mitglieder des Verbandes:

Prof. F. B. **Ahrens**, Breslau, Landwirtschaftl.-Technolog. Institut der Univ., Mathiasplatz 5.
» R. **Anschütz**, Bonn, Chem. Univers.-Laborat.
» K. **Auwers**, Greifswald, Chem. Univers.-Laborat.
» A. v. **Baeyer**, München, Arcisstr. 1. Chem. Laborat. d. Akadem. d. Wissenschaften.
» E. **Beckmann**, Leipzig, Brüderstr. 34, Univers. - Laborat. für angew. Chemie.
» H. **Beckurts**, Braunschweig, Technische Hochschule.
» R. **Behrend**, Hannover, Technische Hochschule.
» J. **Bredt**, Aachen, Technische Hochschule.
» E. **Buchner**, Berlin N., Chem. Laborat. d. Landwirtschaftl. Hochschule.
» H. **Bunte**, Karlsruhe, Technische Hochschule.
» L. **Claisen**, Kiel, Chem. Univers.-Laborat.
» A. **Classen**, Aachen, Technische Hochschule.
» Th. **Curtius**, Heidelberg, Chem. Univers.-Laborat.
» O. **Dieffenbach**, Darmstadt, Technische Hochschule.
» K. **Elbs**, Gießen, Physik.-chem. Univers.-Laborat.
» C. **Engler**, Karlsruhe, Technische Hochschule.
» H. **Erdmann**, Charlottenburg, Technische Hochschule.
» E. **Fischer**, Berlin N., I. Chem. Univers.-Laborat.
» O. **Fischer**, Erlangen, Chem. Univers.-Laborat.
» J. **Gadamer**, Breslau, I. Pharmaz. Inst., Schuhbrücke 38/39 I.
» L. **Gattermann**, Freiburg i. B., Chem. Univers.-Laborat.
» A. **Hantzsch**, Würzburg, Chem. Univers.-Laborat.
» C. **Häussermann**, Stuttgart, Technische Hochschule.
» C. **Hell**, Stuttgart, Technische Hochschule.
» W. **Hempel**, Dresden, Technische Hochschule.

Prof. A. **Hilger**, München, Chem. Univers.-Laborat. für angewandte Chemie, Leopoldstr. 42.
» C. G. **Hüfner**, Tübingen, Physiolog.-chem. Univers.-Laborat.

» H. **Kiliani**, Freiburg i. B., Chem. Univers.-Laborat.
» H. **Klinger**, Königsberg i. Pr., Pharmazeut.-chem. Univers.-Laborat.
» L. **Knorr**, Jena, Chem. Univers.-Laborat.
» G. v. **Knorre**, Charlottenburg, Technische Hochschule.
» Fr. **Krafft**, Heidelberg, Wilhelmstr. 2.

» A. **Ladenburg**, Breslau, Chem. Univers.-Laborat.
» H. **Landolt**, Berlin NW., II. Chem. Univers.-Laborat., Bunsenstr. 1.
» C. **Liebermann**, Charlottenburg, Technische Hochschule.
» W. **Lossen**, Königsberg i. Pr., Chem. Univers.-Laborat.

» L. **Medicus**, Würzburg, Technologisches Institut der Univers.
» E. v. **Meyer**, Dresden, Technische Hochschule.
» R. **Meyer**, Braunschweig, Technische Hochschule. Laborat. f. analyt. u. techn. Chemie.
» A. **Michaelis**, Rostock i. Meckl., Chem. Univers.-Laborat.
» R. **Möhlau**, Dresden, Technische Hochschule.
» W. **Muthmann**, München, Technische Hochschule. Analyt. Laborat.

» A. **Naumann**, Gießen, Chem. Univers.-Laborat.
» W. **Nernst**, Göttingen, Institut für Elektrochemie und physikalische Chemie a. d. Univers.

» W. **Ostwald**, Leipzig, Physik.-chem. Institut der Univers.

» C. **Paal**, Erlangen, Pharmazeut.-chem. Institut der Univers.

» H. **Salkowski**, Münster i. W., Chem. Laborat. der Univers.
» E. **Schmidt**, Marburg i. H., Pharmazeut.-chem. Univers.-Laborat.
» G. **Schultz**, München, Technische Hochschule.
» K. **Seubert**, Hannover, Technische Hochschule.
» M. **Siegfried**, Leipzig, Physiolog. Institut d. Univers.
» W. **Städel**, Darmstadt, Technische Hochschule.
» A. **Stutzer**, Königsberg, Agrikulturchem. Institut.

» G. **Tammann**, Göttingen.
» J. **Thiele**, Straßburg, Chem. Univers.-Laborat.
» B. **Tollens**, Agrikulturchem. Laborat. der Univers. Göttingen.

» J. **Volhard**, Halle a. S., Chem. Univers.-Laborat.

» O. **Wallach**, Göttingen, Chem. Univers.-Laborat.
» H. **Wichelhaus**, Berlin NW., Technolog. Institut d. Univers., Bunsenstraße 1.
» W. **Wislicenus**, Tübingen, Chem. Univers.-Laborat.
» O. N. **Witt**, Berlin NW. 23, Siegmundshof 21. Technische Hochschule.

» Th. **Zincke**, Marburg i. H., Chem. Univers.-Laborat.

Auf Grund der Braunschweiger Statuten sind bis zum 1. April 1903 folgende Register der abgelegten Prüfungen an den Schriftführer des Verbandes eingesandt worden:

(* bedeutet: Angabe fehlt.)

# E.

# Register der im Sommer 1902 und Winter 1902/03 ausgestellten Verbandszeugnisse.

## Chemische Laboratorien der Technischen Hochschule Aachen.

| Aufgedruckte No. der Zeugniskarte | Vorname | Zuname | Geburtsort | Vorbildung | Examinatoren | Datum der Ausfertigung | Art der Prüfung |
|---|---|---|---|---|---|---|---|
| S.-S. 02 | | | | | | | |
| 2512 | **Oskar** | **Hillebrecht** | Braunschweig | Untersekunda Real-Gymn. | Claßen Bredt | 10./5. 02 | |
| 2513 | **Franz** | **Zillkens** | Ehrenfeld b. Cöln | Ober-Prima Real-Gymn. | Claßen Bredt | 11./7. 02 | |
| 2515 | **Jakob** | **Sulser** | Chur Schweiz | Unter-Prima Gymnasium | Claßen Bredt | 11./7. 02 | |

## I. Chemisches Institut der Universität Berlin.

| Aufgedruckte No. der Zeugniskarte | Vorname | Zuname | Geburtsort | Vorbildung | Examinatoren | Datum der Ausfertigung | Art der Prüfung |
|---|---|---|---|---|---|---|---|
| S.-S. 02 | | | | | | | |
| 3111 | **Richard** | **Ipsen** | Flensburg | Real-Gymn. | E. Fischer | 6./5. 02 | V. |
| 3112 | **Georg** | **Scarlat** | Bacau (Rumänien) | Lyceum | E. Fischer | 6./5. 02 | V. |
| 3113 | **Georg** | **Fischer** | Ulm a. D. | Gymnasium | E. Fischer | 6./5. 02 | V. |
| 3114 | **Johann** | **Lipski** | Miczno | Gymnasium | E. Fischer | 28./5. 02 | V. |
| 2662 | **Heinrich** | **Schlüter** | Afferde bei Hameln | Gymnasium | E. Fischer | 28./5. 02 | V. |
| 3115 | **Emil** | **Geisel** | Rengsdorf | Real-Gymn. | E. Fischer | 15./7. 02 | V. |
| 3116 | **Cornelius** | **Massaciu** | Bukarest | Real-Gymn. | E. Fischer | 15./7. 02 | V. |
| 3117 | **Paul** | **Hirschfeld** | Berlin | Obersekunda | E. Fischer | 15./7. 02 | V. |
| 3118 | **Georg** | **Winterfeld** | Stolp i. P. | Real-Gymn. | E. Fischer | 15./7. 02 | V. |

## I. Chemisches Institut der Universität Berlin. Fortsetzung.

| Auf-gedruckte No. der Zeugnis-karte | Vorname | Zuname | Geburtsort | Vorbildung | Examinatoren | Datum der Aus-fertigung | Art der Prüfung |
|---|---|---|---|---|---|---|---|
| S.-S. 02 | | | | | | | |
| 3119 | Hans | Tappen | Goslar a. H. | Gymnasium | E. Fischer | 29./7. 02 | V. |
| 3120 | Erich | Kolshorn | Posen | Real-Gymn. | E. Fischer | 29./7. 02 | V. |
| 3121 | Wilhelm | Haas | Schleiden | Ober-Real-schule | E. Fischer | 29./7. 02 | V. |
| 3122 | Fritz | Eisner | Zabrze | Real-Gymn. (Obersek.) | E. Fischer | 29./7. 02 | V. |
| 3123 | Wilhelm | Wolff | Stettin | Gymnasium | E. Fischer | 31./7. 02 | V. |
| 3127 | J. | Tscharno | Wilna | Lehrer-institut | E. Fischer | 4./8. 02 | V. |
| 3128 | Paul | Nawiasky | Stuttgart | Gymnasium | E. Fischer | 4./8. 02 | V. |
| W.-S. 02/03 | | | | | | | |
| 3129 | Hugo | Schweitzer | Gerstungen | Real-Gymn. | E. Fischer | 11./11. 02 | V. |
| 3130 | Fritz | Müller | Berlin | Ober-Real-schule | E. Fischer | 11./11. 02 | V. |
| 3124 | Willy | Böttcher | Bromberg | Einj.-Examen | E. Fischer | 11./11. 02 | V. |
| 3226 | Paul | Steinert | Köln | Real-Gymn. | E. Fischer | 12./11. 02 | V. |
| 3131 | Herrmann | Loevy | Posen | Gymnasium | E. Fischer | 10./12. 02 | V. |
| 3132 | Richard | Eickmann | Berlin | Real-Gymn. | E. Fischer | 11./12. 02 | V. |
| 3133 | Otto | Johannsen | Lübeck | Gymnasium | E. Fischer | 11./12. 02 | V. |
| 3134 | Arnold | Brunner | Berlin | Gymnasium | E. Fischer | 17./2. 03 | V. |
| 3135 | Hans | Einbeck | Metz | Gymnasium | E. Fischer | 17./2. 03 | V. |
| 3136 | Walter | Axhausen | Landsberg a. W. | Real-Gymn. | E. Fischer | 17./2. 03 | V. |
| 3137 | Max | Duttenhofer | Rottweil | Gymnasium | E. Fischer | 17./2. 03 | V. |
| 3138 | Wilhelm | Wirbelauer | Narwa (Rußland) | Ober-Real-schule | E. Fischer | 17./2. 03 | V. |
| 3139 | Albert | Ritter | Berlin | Gymnasium | E. Fischer | 17./2. 03 | V. |
| 3141 | Wilfrid | Sarow | Petersdorf i. M. | Real-Gymn. | E. Fischer | 5./3. 03 | V. |
| 3142 | Wilhelm | Hiller | Gleiwitz | Gymnasium | E. Fischer | 5./3. 03 | V. |
| 3243 | Hans | Türk | Frankfurt a. M. | Gymnasium | E. Fischer | 5./3. 03 | V. |
| 3144 | Miliroj | Losanitsch | Belgrad | Gymnasium | E. Fischer | 5./3. 03 | V. |
| 3316 | Paul | Schwarz | Mährisch Ostrau | Real-Gymn. | E. Fischer | 5./3. 03 | V. |
| 3125 | Arthur | Aufrecht | Berlin | Real-Gymn. | E. Fischer | 6./3. 03 | V. |
| 3150 | Ernst | Heinrich | Pillau | Gymnasium | E. Fischer | 6./3. 03 | V. |

## II. Chemisches Institut der Universität Berlin.

| | | | | | | | |
|---|---|---|---|---|---|---|---|
| S.-S. 02 | | | | | | | |
| 1947 | Egon | Böhm | Wien | Ober-Real-schule | Landolt | 14./3. 02 | |
| 1948 | John | Armitstead | Riga | Real-Gymn. | Landolt | 24./3. 02 | |
| 1949 | Eugenie | Rogowina | Moskau | Mädchen-Gymn. Minsk | Landolt | 26./4. 02 | |

## II. Chemisches Institut der Universität Berlin. Fortsetzung.

| Aufgedruckte No. der Zeugniskarte | Vorname | Zuname | Geburtsort | Vorbildung | Examinatoren | Datum der Ausfertigung | Art der Prüfung |
|---|---|---|---|---|---|---|---|
| S.-S. 02 | | | | | | | |
| 1950 | Herrmann | Cohn | Briesen (Westpr.) | Real-Gymn. Berlin | Landolt | 27./5. 02 | |
| 3551 | Johannes | Dehnicke | Stettin | Real-Gymn. | Landolt | 30./5. 02 | |
| 3552 | Georg | Ornstein | Gardelegen | Hum. Gymn. | Landolt | 30./5. 02 | |
| 3553 | Adolph | de Osa | Paris | Real-Gymn. Wiesbaden | Landolt | 18./6. 02 | |
| 3554 | Hugo | Schulz | Insterburg | Real-Gymn. | Landolt | 31./7. 02 | |
| 3555 | Paul | Cohen | Hoya (Hannover) | Real-Gymn. | Landolt | 24./7. 02 | |
| 3556 | Walther | Pollack | Wien | Hum. Gymn. | Landolt | 5./8. 02 | |
| 2652 | Julius | Gewecke | Hannover | Ober-Realschule | Seubert Landolt | 6./8. 02 | |
| W.-S. 02/03 | | | | | | | |
| 3557 | Paul | Reimann | Amsee (Posen) | Real-Gymn. | Landolt | 22./10. 02 | |
| 3558 | Erich | Hesse | Ballenstedt | Real-Gymn. | Landolt | 22./10. 02 | |
| 3559 | Joseph | Lippstadt | Elmshorn (Holstein) | Real-Gymn. Pharmaz. Staatsexam. München | Landolt | 25./10. 02 26./10. 02 | |
| 3560 | Walther | Nithack | Grünthal (Mark Brandenbg.) | Hum. Gymn. | Landolt | 6./11. 02 | |
| 3561 | Fanny | Sandberg | Wilna | Mädchen-Gymn. Wilna | Landolt | 22./11. 02 | |
| 3562 | Anna | Romm | Wilna | Mädchen-Gymn. Wilna | Landolt | 22./11. 02 | |

## Anorgan. Laboratorium der Techn. Hochschule zu Berlin.

| Aufgedruckte No. der Zeugniskarte | Vorname | Zuname | Geburtsort | Vorbildung | Examinatoren | Datum der Ausfertigung | Art der Prüfung |
|---|---|---|---|---|---|---|---|
| S.-S. 02 | | | | | | | |
| 3225 | Friedrich | Schneyer | Botoschan (Rumänien) | Gymnasium | Erdmann | 14./7. 02 | |
| 3208 | Hans | Dinnel | Berlin | Real-Gymn. | Erdmann | 17./7. 02 | |
| 3209 | Wilhelm | Kölker | Toledo (Ohio) | Gymnasium | Erdmann | 17./7. 02 | |
| 3210 | Kurt | Thiel | Berlin | Real-Gymn. | Erdmann | 17./7. 02 | |
| 3211 | Hans | Schilling | Berlin | * | Erdmann Liebermann | 17./7. 02 | |
| 3212 | Wilhelm | Corsalli | Berlin | * | Erdmann | 17./7. 02 | |
| W.-S. 02/03 | | | | | | | |
| 3213 | Martin | Wagner | Warnitz | * | Erdmann | 1./11. 02 | |
| 3751 | Erich | Peltner | Berlin | * | Erdmann | 4./2. 03 | |
| 3752 | Alfred | Ehrenberg | Zweenfurth b. Leipzig | Real-Gymn. | Erdmann | 26./2. 03 | |
| 3753 | Fritz | Kropf | Pilsen | Ober-Realschule | Erdmann | 27./2. 03 | |

## Anorgan. Laboratorium der Techn. Hochschule zu Berlin. Fortsetzung.

| Aufgedruckte No. der Zeugniskarte | Vorname | Zuname | Geburtsort | Vorbildung | Examinatoren | Datum der Ausfertigung | Art der Prüfung |
|---|---|---|---|---|---|---|---|
| W.-S. 02/03 | | | | | | | |
| 3754 | Gustav | Lindenberg | Eime (Hannover) | * | Erdmann | 27./2. 03 | |
| 3755 | Walter | Janicke | Kaltwasser (Oberlaus.) | * | Erdmann | 27./2. 03 | |
| 3756 | Alfred | Richartz | Döhren b. Hannover | * | Erdmann | 6./3. 03 | |
| 3757 | Alfred | Salmony | Köln a. Rh. | * | Erdmann | 6./3. 03 | |
| 3758 | Erich | Foerster | Gleiwitz (Oberschles.) | * | Erdmann | 6./3. 03 | |
| 3759 | Georg | Kassel | Hirschberg (Oberschles.) | Ober-Realschule | Erdmann | 11./3. 03 | |
| 3760 | Joseph | Riwlin | Kiew (Rußland) | Real-Gymn. | Erdmann | 13./3. 03 | |
| 3761 | Emil | Müller | Berlin | * | Erdmann | 13./3. 03 | |
| 3762 | Karl | Muenk | Bünde i. W. | Real-Gymn. | Erdmann | 13./3. 03 | |
| 3763 | Adolf | Hildebrandt | Berlin | * | Erdmann | 13./3. 03 | |
| 3764 | Iwan | Iwanoff | Kasabinsk (Rußland) | * | Erdmann | 16./3. 03 | |
| 3765 | Erich | Lehmann | Charlottenburg | * | Erdmann | 16./3. 03 | |
| 3766 | Erwin | Heintschel | Berlin | Gymnasium | Erdmann | 23./3. 03 | |
| 3767 | Friedrich | v. Hagen | Remscheid | Ober-Realschule | Erdmann | 25./3. 03 | |

## Organisches Laboratorium der Technischen Hochschule zu Berlin.

| Aufgedruckte No. der Zeugniskarte | Vorname | Zuname | Geburtsort | Vorbildung | Examinatoren | Datum der Ausfertigung | Art der Prüfung |
|---|---|---|---|---|---|---|---|
| S.-S. 02 | | | | | | | |
| 2500 | Hans | Klopstock | Berlin | Unterprima Gymn. | Stavenhagen Liebermann | 24./4. 02 | V. |
| 2493 | Heinrich | Oster | Straßburg i. E. | Abit. Gymn. | Stavenhagen Liebermann | 16./5. 02 | V. |
| 2455 | Fritz | Wendel | Berlin | Real-Gymn. Abiturient | Stavenhagen Liebermann | 30./5. 02 | V. |
| 1089 | Gerhard | Bollmann | Groß-Salze | Reifezeugn. Gymnasium | Zincke Liebermann | 4./7. 02 | V. |
| 1442 | Heinrich | Schicht | Ringelsheim (Böhmen) | Reifezeugn. Ober-Realschule | Liebermann | 4./7. 02 | V. |
| 2469 | Otto | Langhammer | Chemnitz | Reifezeugn. Real-Gymn. | Liebermann Stavenhagen | 29./6. 02 | V. |
| W.-S. 02/03 | | | | | | | |
| 2468 | Rezsö | Goldmann | Budapest | Abit. Gymn. | Liebermann | 27./10. 02 | V. |
| 2466 | Salomon | Kleibs | Odessa | Handelsschule Odessa | Stavenhagen Liebermann | 10./12. 02 | V. |
| 2786 | August | Weyl | Ottweiler | Abit. Gymn. | Engler Liebermann | 12./12. 02 | D |

## Organisches Laboratorium der Technischen Hochschule zu Berlin. Fortsetzung.

| Auf-gedruckte No. der Zeugnis-karte | Vorname | Zuname | Geburtsort | Vorbildung | Examinatoren | Datum der Aus-fertigung | Art der Prüfung |
|---|---|---|---|---|---|---|---|
| W.-S. 02/03 | | | | | | | |
| 1420 | Heinrich | von der Smissen | Niepruscewo (Posen) | Abiturient Real-Gymn. | Liebermann | 13./1. 03 | V. |
| 1421 | Gustav | Bonwitt | Rosenberg | Primareife Real-Gymn. | Liebermann Erdmann | 6./3. 03 | V. |
| 1450 | Karl | Schnelle | Grünstadt | Abit. Gymn. | Liebermann | 11./3. 03 | V. |

## Techn.-chemisches Laboratorium der Königl. Techn. Hochschule zu Berlin.

| | | | | | | | |
|---|---|---|---|---|---|---|---|
| S.-S. 02 | | | | | | | |
| 1810 | Max | Urich | Lemberg (Österreich) | Gymn. Abit. Lemberg | Witt Erdmann Liebermann | 3./7. 02 | D. |
| 2251 | Aurel | v. Bartol | Damazer (Ungarn) | Gymn. Abit. Preßburg | Witt | 16./7. 02 | |
| 2252 | Aloys | Thelen | Berlin | Gymnasium Primareife | Witt Erdmann Liebermann | 16./7. 02 | D. |
| W.-S. 02/03 | | | | | | | |
| 2253 | George | Andrews | Fakenham (England) | Norfolk County School | Witt | 11./3. 03 | |
| 2254 | Wilhelm | Ahlers | Pollwitz | Real-Gymn. Matur. | Witt | 11./3. 03 | |
| 2255 | Hermann | Remi | Wien | Gymn. Matur. | Witt | 11./3. 03 | |
| 2256 | Max | Luft | Tarnow | Gymn. Matur. | Witt | 11./3. 03 | |
| 2257 | Elias | Süsskind | Krakau | Gymn. Matur. | Witt | 11./3. 03 | |
| 2258 | Gustav | Jebsen | Bergen (Norwegen) | Gymn. Matur. | Witt | 11./3. 03 | |

## Chemisches Laboratorium der Landwirtschaftlichen Hochschule in Berlin.

| | | | | | | | |
|---|---|---|---|---|---|---|---|
| S.-S. 02 | | | | | | | |
| 957 | Edmund | Connerade | Mecheln | Belg. Gymn. absolviert | Buchner | 10./6. 02 | |
| W.-S. 02/03 | | | | | | | |
| 958 | Richard | von der Heide | Regensburg | Ober-Real-schule Charlotten-burg absolv. | Buchner | 2./2. 03 | |

## Chemisches Institut der Universität Bonn.

| | | | | | | | |
|---|---|---|---|---|---|---|---|
| S.-S. 02 | | | | | | | |
| 2844 | Adolf | Bambach | Eiberg (Kr. Wattingen) | Hum. Gymn. Reifezeugn. | Anschütz | 20./4. 02 | V. |
| 2845 | Friedrich | Wülfing | Mülheim a. Rh. | Hum. Gymn. Reifezeugn. | Anschütz | 3./6. 02 | V. |
| 2846 | Adolf | Kempe | Bielefeld | Real-Gymn. Reifezeugn. | Anschütz | 15./7. 02 | V. |

## Chemisches Institut der Universität Bonn. Fortsetzung.

| Aufgedruckte No. der Zeugniskarte | Vorname | Zuname | Geburtsort | Vorbildung | Examinatoren | Datum der Ausfertigung | Art der Prüfung |
|---|---|---|---|---|---|---|---|
| S.-S. 02 | | | | | | | |
| 2847 | Klaas | Okkinga | Stiens (Holland) | Realschule, Reichslandwirt.-Schule Wageningen (Holland) | Anschütz | 15./7. 02 | V. |
| 2848 | Ludwig | Klappert | Eyll b. Aldekerk | Hum. Gymn. zu Krefeld Reife für Ob.-Sek. | Anschütz | 28./7. 02 | V. |
| 2849 | Gregor | Gimmelfarb | Melitopol in der Krim (Süd-Rußl.) | Gymnasium in Charkow Reife | Anschütz | 28./7. 02 | V. |
| 2850 | Alfons | Deschauer | Ober-Ursel b. Frankfurt a. M. | Hum. Gymn. Reifezeugn. | Anschütz | 1./8. 02 | V. |
| 3661 | George | de Geofroy | Cannes (Süd-Frankreich) | Ecole St. Geneviève Paris | Anschütz | 6./8. 02 | V. |
| W.-S. 02/03 | | | | | | | |
| 2292 | Oskar | Siebel | Barmen | Real-Gymn. bis Ob.-Sek. | Gattermann Anschütz | 30./10. 02 | V. |
| 3664 | Josef | Schumacher | Eynatten b. Aachen | Real-Gymn. bis Ob.-Sek. | Anschütz | 26./11. 02 | V. |
| 3665 | Rudolf | Schwamborn | Hagen b. Birk b. Siegburg | Hum. Gymn. Reifezeugn. | Anschütz | 26./11. 02 | V. |
| 3666 | Wilhelm | Profitlich | Essen | Ober-Realschule Reifezeugn. | Anschütz | 26./11. 02 | V. |
| 3667 | Ferdinand | Haas | Frechen | Real-Gymn. Reifezeugn. | Anschütz | 26./11. 02 | V. |
| 3668 | Fritz | Müller | Schmalenberg b. Kaiserslautern | Hum. Gymn. Reife für Unterprima | Anschütz | 26./11. 02 | V. |
| 3669 | Erwin | Siebert | Gummersbach | Hum. Gymn. Reifezeugn. | Anschütz | 2./12. 02 | V. |
| 3670 | Ernst | Schmitz | Dortmund | Hum. Gymn. Reifezeugn. | Anschütz | 2./12. 02 | V. |
| 3672 | Wilhelm | Frodermann | Bismarck (Westf.) | Hum. Gymn. bis zu Unt.-Prima | Anschütz | 4./3. 03 | V. |
| 3673 | Max | Scholl | Bonn | Hum. Gymn. Reifezeugn. | Anschütz | 4./3. 03 | V. |
| 3675 | Paul | Weissheimer | Andernach | Hum. Gymn. Reifezeugn. | Anschütz | 5./3. 03 | V. |
| 3676 | Ernst | Strunck | Scharbeck b. Brüssel | Real-Gymn. Reifezeugn. | Anschütz | 6./3. 03 | V. |
| 3677 | Heinrich | Kuttenkeuler | Lohmar | Hum. Gymn. Reifezeugn. | Anschütz | 6./3. 03 | V. |

## Laboratorium f. analyt. u. techn. Chemie. Techn. Hochschule Braunschweig.

| Aufgedruckte No. der Zeugniskarte | Vorname | Zuname | Geburtsort | Vorbildung | Examinatoren | Datum der Ausfertigung | Art der Prüfung |
|---|---|---|---|---|---|---|---|
| S.-S. 02 | | | | | | | |
| 2115 | Karl | Witte | Kl. Freden a. Leine | Real-Gymn. Matur. | R. Meyer | 26./6. 02 | D. |
| 2116 | Karl | Tögel | Freudenthal (Österr. Schles.) | Österr. Ober-Realschule Matur. | R. Meyer | 2./7. 02 | D. |
| 2117 | Josef | v. Zawadzki | Warschau | Klass. Gymn. Matur. | R. Meyer | 24./7. 02 | D. |
| W.-S. 02/03 | | | | | | | |
| 2118 | Paul | Bock | Braunschweig | Ober-Realschule Matur. | R. Meyer | 16./12. 02 | D. |
| 2119 | Ernst | Hartmann | Braunschweig | Ober-Realschule Matur. | R. Meyer | 13./3. 03 | D. |
| 2120 | Wilhelm | Nicolai | Braunschweig | Ober-Realschule O. II. | R. Meyer | 24./3. 03 | V. |

## Pharm.-chem. Laboratorium der Techn. Hochschule Braunschweig.

| | | | | | | | |
|---|---|---|---|---|---|---|---|
| S.-S. 02 | | | | | | | |
| 3009 | Eugen | Sommerfeld | Danzig | Apotheker | Beckurts | 28./5. 02 | V. |
| 3010 | Waldemar | Hille | Lehre | Apotheker | Beckurts | 14./7. 02 | V. |
| 3011 | Kurt | Bonnow | Kolberg | Apotheker | Beckurts | 14./7. 02 | V. |
| 3012 | Hermann | Hollandt | Güstrow | Apotheker | Beckurts | 14./7. 02 | V. |
| 3013 | Hans | Hupka | Berlin | Apotheker | Beckurts | 14./7. 02 | V. |
| W.-S. 02/03 | | | | | | | |
| 3014 | Hans | Kramer | Osterburg (Altmark) | Apotheker | Beckurts | 10./12. 02 | V. |
| 3015 | Hermann | Gartzen | Dortmund | Apotheker | Beckurts | 11./12. 02 | V. |
| 3016 | Franz | Bartels | Groß Rhüden | Apotheker | Beckurts | 13./12. 02 | V. |

## Chemisches Universitäts-Laboratorium Breslau.

| | | | | | | | |
|---|---|---|---|---|---|---|---|
| S.-S. 02 | | | | | | | |
| 3166 | Paul | Seiffert | Rosenthal b. Breslau | * | Ladenburg | 29./4. 02 | |
| 3167 | Robert | Riedel | Breslau | Abiturient Gymnasium | Ladenburg | 9./5. 02 | |
| 3168 | Richard | Hischer | Groß-Strelitz (Schlesien) | Oberprima Gymnasium | Ladenburg | 12./5. 02 | |
| 3169 | Kurt | Priemel | Liegnitz | * | Ladenburg | 16./5. 02 | |
| 3170 | Michael | Sobeski | Pleschen (Posen) | Abiturient Gymnasium | Ladenburg | 11./6. 02 | |
| 3171 | Charles | Fox | London | Bachelor of science | Ladenburg | 27./6. 02 | |
| 3172 | Siegfried | Leipziger | Fraustadt (Posen) | Ober-Sek. Real-Gymn. | Ladenburg | 3./7. 02 | |

## Chemisches Universitäts-Laboratorium Breslau. Fortsetzung.

| Aufgedruckte No. der Zeugniskarte | Vorname | Zuname | Geburtsort | Vorbildung | Examinatoren | Datum der Ausfertigung | Art der Prüfung |
|---|---|---|---|---|---|---|---|
| S.-S. 02 | | | | | | | |
| 3173 | Leon | Szulc | Zerkow (Posen) | Ober-Sek. Gymnasium | Ladenburg | 3./7. 02 | |
| 3174 | Berthold | Jatrosinski | Breslau | Ober-Sek. Gymnasium | Ladenburg | 5./7. 02 | |
| 3175 | Kurt | Steinitz | Groß-Strelitz (Schlesien) | Abiturient Gymnasium | Ladenburg | 14./7. 02 | |
| 3176 | Karl | Sieben-eicher | Reichenberg i. Böhmen | Abiturient Staatsgewerbeschule | Ladenburg | 14./7. 02 | |
| 3177 | Erich | Schmidt | Compracht-schütz b. Oppeln | Prima Ober-Real-schule | Ladenburg | 21./7. 02<br>6./3. 03 | |
| 3178 | Arthur | Bratke | Breslau | Prima Real-Gymn. | Ladenburg | 23./7. 02 | |
| 3179 | Willy | Arendt | Neiße | Abiturient Real-Gymn. | Ladenburg | 25./7. 02 | |
| 3181 | Walter | Mayen | Breslau | Prima Gymnasium | Ladenburg | 29./7. 02 | |
| W.-S. 02/03 | | | | | | | |
| 3182 | Arthur | Scheyé | Breslau | Einj.-Zeugn. | Ladenburg | 3./11. 02<br>12./12. 02 | |
| 3183 | Rudolf | Neumann | Brandenburg a. Havel | Abiturient Real-Gymn. | Ladenburg | 29./11. 02<br>15./12. 02 | |
| 3184 | Herbert | Grunert | Breslau | Abiturient Gymnasium | Ladenburg | 17./12. 02 | |
| 3185 | Richard | Franke | Breslau | Abiturient Real-Gymn. | Ladenburg | 19./12. 02 | |
| 3186 | Anna | Hamburger | Breslau | Abiturient Real-Gymn. | Ladenburg | 13./1. 03 | |
| 3187 | Felix | Proskauer | Ratibor | Abiturient Gymnasium | Ladenburg | 15./1. 03 | |
| 3189 | George | Rudorf | London | Bachelor of science | Ladenburg | 2./2. 03 | |
| 3190 | Willibald | Koczwara | Gostyn (Posen) | Unterprima Ober-Real-schule | Ladenburg | 6./2. 03 | |
| 3191 | Siegfried | Fink | Gnesen | Ober-Sek. Gymnasium | Ladenburg | 26./2. 03 | |

## Landw. technol. Institut der Königl. Universität Breslau.

| | | | | | | | |
|---|---|---|---|---|---|---|---|
| S.-S. 02 | | | | | | | |
| 1380 | Hugo | Sollmann | Königshütte (Oberschles.) | Ober-Sek. Gymnasium | F. B. Ahrens | 1./5. 02 | V. |
| 1375 | Richard | Ryschka | Kosel (Oberschles.) | Prima-Gymnasium | F. B. Ahrens | 25./7. 02 | V. |

## Chemisches Institut der Techn. Hochschule Darmstadt.

| Auf-gedruckte No. der Zeugnis-karte | Vorname | Zuname | Geburtsort | Vorbildung | Examinatoren | Datum der Aus-fertigung | Art der Prüfung |
|---|---|---|---|---|---|---|---|
| S.-S. 02 2707 | Adolf | Markus | Wien | Primareife hum. Gymn. | Staedel | 24./4. 02 | V. |
| 2708 | Heinrich | Hörlein | Wendelsheim (Rheinhess.) | Matur. Ober-Realschule | Staedel | 24./4. 02 | V. |
| 2709 | Richard | Schultz | Hamburg | Reifezeugnis Realschule II. Ordn. | Staedel | 3./6. 02 | D. |
| W.-S. 02/03 2710 | Hermann | Ahrle | Ems a. L. | Reifezeugnis Industrie-schule Kai-serslautern | Staedel | 13./1. 03 | V. |
| 2711 | Georg | Stern | Frankfurt a. M. | Matur. Realgymn. | Staedel | 13./1. 03 | V. |
| 2712 | Gustav | Butzbach | Friedberg i. H. | Primareife Realschule | Staedel | 9./2. 03 | V. |
| 2713 | Karl | Oppermann | Frankfurt-Bockenheim | Reife f. Ober-Prima Real-schule I. O. | Staedel | 9./2. 03 | V. |
| 2714 | Karl | Barkow | Hamburg | Reife f. Ober-Sek. hum. Gymnasium | Staedel | 10./3. 03 | V. |
| 2715 | Ernst | Friederich | Biebesheim i. H. | Matur. Real-Gymnasium | Staedel | 10./3. 03 | V. |

## Chemisch-technisches und elektrochemisches Institut der Techn. Hochschule Darmstadt.

| | | | | | | | |
|---|---|---|---|---|---|---|---|
| S.-S. 02 2735 | Paul | Burger | Saarbrücken | Matur. Gymnasium | Dieffenbach | 29./4. 02 | V. |
| 2736 | Max | Mitreiter | Dresden | Reife f. Prima Gymnasium | Dieffenbach | 29./4. 02 | V. |
| 2737 | Ludwig | Merz | Ober-Reifenberg | Matur. Ober-Realschule | Dieffenbach | 29./4. 02 | V. |
| 2738 | Hugo | Ulenberg | Opladen | Reife f. Ober-Sek. Real-Gymnasium | Dieffenbach | 29./4. 02 | V. |
| 2739 | Richard | Rössler | Schandau | Reife f. Ober-Sek. Real-Gymnasium | Dieffenbach | 29./4. 02 | V. |
| 2740 | Joh. Christ. | Scheuer | Harlingen | Matur. Ober-Realschule | Dieffenbach | 29./4. 02 | V. |

## Chemische Laboratorien der Technischen Hochschule Dresden.

| Aufgedruckte No. der Zeugniskarte | Vorname | Zuname | Geburtsort | Vorbildung | Examinatoren | Datum der Ausfertigung | Art der Prüfung |
|---|---|---|---|---|---|---|---|
| S.-S. 02 | | | | | | | |
| 389 | Erich | Kleiner | Kattowitz | Matur. hum. Gymnasium | Hempel E. v. Meyer | 16./4. 02 | D. |
| 390 | Georg | Taubert | Oschatz | Matur. hum. Gymnasium | Hempel E. v. Meyer | 16./4. 02 | V. |
| 3476 | Arthur | Kessler | Bernburg i. Anhalt | Matur. hum. Gymnasium | E. v. Meyer | 9./5. 02 | V. |
| 3477 | Rütger | Suhl | Singapore | Ober-Sek. Real-Gymn. | Hempel E. v. Meyer | 18./7. 02 | V. |
| 3478 | Rudolf | Häussler | Radogoszcz (Rußland) | Abiturient höhere Gewerbeschule Lodz | Hempel E. v. Meyer | 17./4. 02 | D. |
| 3479 | Hans | v. Schaumberg | Dresden | Matur. hum. Gymnasium | Hempel E. v. Meyer | 6./3. 03 | V. |
| 3480 | Kurt | von Funke | Kieritzsch | Primareife | Hempel E. v. Meyer | 6./3. 03 | V. |
| 3481 | Georg | Hager | Stettin | Matur. hum. Gymnasium | Hempel E. v. Meyer | 17./4. 02 | D. |
| 3482 | Erich | Hofstädter | Dresden | Matur. Real-Gymnasium | Hempel E. v. Meyer | 17./4. 02 | D. |
| 3483 | Fritz | Kaiser | Gittersee | Matur. hum. Gymnasium | Hempel E. v. Meyer | 17./4. 02 | D. |
| 3484 | Oskar | Schmidt | Gumersdorf (Sachsen) | Matur. Real-Gymnasium | Hempel E. v. Meyer | 17./4. 02 | D. |
| 3485 | Arthur | Schwalbe | Chemnitz | Matur. hum. Gymnasium | Hempel E. v. Meyer | 18./4. 02 | D. |
| 3486 | Fritz | Wünsche | Ebersbach (Sachsen) | Matur. Real-Gymnasium | Hempel E. v. Meyer | 18./4. 02 | D. |
| 3487 | Paul | Fischer | Leipzig | Matur. hum. Gymnasium | Hempel E. v. Meyer | 18./4. 02 | D. |
| W.-S. 02/03 | | | | | | | |
| 3488 | Joachim | Leimdörfer | Nagy-Bittse (Ungarn) | Matur. hum. Gymnasium (Preßburg) | Hempel E. v. Meyer | 9./10. 02 | D. |
| 3489 | Hans | Litter | Bautzen | Abiturient Chemnitzer Gewerbeakademie | Hempel E. v. Meyer | 9./10. 02 | D. |
| 3490 | Willy | Römmler | Dresden | Matur. Real-Gymnasium | Hempel E. v. Meyer | 9./10. 02 | D. |
| 3491 | Hans | Urbach | Eisenach | Matur. Real-Gymnasium | Hempel E. v. Meyer | 10./10. 02 | D. |
| 3492 | Harald | Andresen | Christiania | Matur. hum. Gymnasium | Hempel E. v. Meyer | 10./10. 02 | D. |
| 3493 | August | Bültemann | Uelzen | Matur. Real-Gymnasium | Hempel E. v. Meyer | 10./10. 02 | D. |

## Chemisches Laboratorium der Universität Erlangen.

| Aufgedruckte No. der Zeugniskarte | Vorname | Zuname | Geburtsort | Vorbildung | Examinatoren | Datum der Ausfertigung | Art der Prüfung |
|---|---|---|---|---|---|---|---|
| S.-S. 02 | | | | | | | |
| 3326 | Karl | Dorschky | Neunburg V./W. (Bay.) | Hum. Gymn absolv. | O. Fischer | 7./5. 02 | V. |
| 3327 | Walther | Wagenknecht | Chemnitz | Hum. Gymn. absolv. | O. Fischer | 7./5. 02 | V. |
| 3328 | Fritz | Michel | Schney (Bayern) | Hum. Gymn. absolv. | O. Fischer | 30./5. 02 | V. |
| 3329 | Hans | Fehn | Nürnberg | Real-Gymn. absolv. | O. Fischer | 12./6. 02 | V. |
| W.-S. 02/03 | | | | | | | |
| 3331 | Kurt | Seidel | Oberhohndorf (Sachsen) | Real-Gymn. absolv. | O. Fischer | 14./11. 02 | V. |
| 3332 | Erich | Opfermann | Kirchheim-Bolanden (Rheinpfalz) | Hum. Gymn. absolv. | O. Fischer | 14./11. 02 | V. |
| 3333 | Rudolph | Bünz | Altona | Apotheker Note I | O. Fischer | 12./12. 02 | V. |
| 3334 | Hubert | Vierling | Mainz | Apotheker Note I | O. Fischer | 12./12. 02 | V. |
| 3335 | Lothar | Birkenbach | Bad Kissingen | Apotheker Note I | O. Fischer | 12./12. 02 | V. |
| 3336 | Johann | Lohmann | Kiel | Apotheker Note I | O. Fischer | 12./12. 02 | V. |
| 3337 | Karl | Amberger | Altdorf b. Nürnberg | Real-Gymn. absolv. | O. Fischer | 17./12. 02 | V. |
| 3338 | Ludwig | Raab | Groß-Karlbach (Rheinpfalz) | Hum. Gymn. absolv. | O. Fischer | 17./12. 02 | V. |
| 3339 | Wilhelm | Wolbring | Bocholt (Westfalen) | Hum. Gymn. Primareife | O. Fischer | 17./12. 02 | V. |
| 3340 | Leonhard | Arnold | Würzburg | Real-Gymn. Oberprima | O. Fischer | 23./1. 03 | V. |
| 3341 | Heinrich | Eisenach | Hanau | Hum. Gymn. b. Oberprima | O. Fischer | 23./1. 03 | V. |
| 3342 | Friedrich | Resenscheck | Erlangen | Hum. Gymn. absolv. | O. Fischer | 20./2. 03 | V. |

## Pharmaceut.-chemisches Institut der Universität Erlangen.

| | | | | | | | |
|---|---|---|---|---|---|---|---|
| S.-S. 02 | | | | | | | |
| 339 | Edmund | Hoffmann | Winfield (New-York, U. S) | Approb. Apotheker Note II | C. Paal | 7./5. 02 | V. |
| 340 | Konrad | Amberger | Altdorf b. Nürnberg | Approb. Apotheker Note I | C. Paal | 22./7. 01 | V. |
| 3611 | Wilhelm | Leuze | Stuttgart | Approb. Apotheker Note I | C. Paal | 25./7. 02 | V. |

**Pharmaceut.-chemisches Institut der Universität Erlangen.** Fortsetzung.

| Aufgedruckte No. der Zeugniskarte | Vorname | Zuname | Geburtsort | Vorbildung | Examinatoren | Datum der Ausfertigung | Art der Prüfung |
|---|---|---|---|---|---|---|---|
| W.-S. 02/03 | | | | | | | |
| 3612 | Ludwig | Schweizer | Stuttgart | Approb. Apotheker Note II | C. Paal | 10./12. 02 | V. |
| 3613 | Otto | Dörmann | Dierdorf (Rheinland) | Approb. Apotheker Note II | C. Paal | 18./12. 02 | V. |
| 3614 | Oswald | Fisseler | Elberfeld | Approb. Apotheker Note II | C. Paal | 18./12. 02 | V. |
| 3615 | Otto | Matzdorff | Züllichau (Preußen) | Approb. Apotheker Note II | C. Paal | 18./12. 02 | V. |

**Chemisches Laboratorium der Universität Freiburg i. B. (mediz. Abt.).**

| Aufgedruckte No. der Zeugniskarte | Vorname | Zuname | Geburtsort | Vorbildung | Examinatoren | Datum der Ausfertigung | Art der Prüfung |
|---|---|---|---|---|---|---|---|
| S.-S. 02 | | | | | | | |
| 418 | Max | Baerlocher | St. Gallen | Matur. Kantonschule St. Gallen | Autenrieth | 12./3. 02 | |
| 419 | Erich | Benary | Berlin | Matur. | Kiliani | 19./7. 02 | |
| 420 | Renatus | Bernheim | Zillisheim (Elsaß) | Apotheker-Prüfung Note I | Kiliani | 19./7. 02 | |
| 3631 | Paul | Loeffler | Heilbronn | Apotheker-Prüfung Note I | Kiliani | 22./7. 02 | |
| W.-S. 02/03 | | | | | | | |
| 3632 | Waldemar | Mentzel | Breslau | Apotheker-Prüfung Note II | Kiliani | 17./9. 02 | |
| 3633 | Hugo | Dorn | Freiburg i. B. | Apotheker-Prüfung Note II | Kiliani | 28./2. 03 | |
| 3634 | Wilhelm | Thomas | Mülheim a. d. R. | Apotheker-Prüfung Note II | Kiliani | 28./2. 03 | |
| 3635 | Josef | Horber | Mülhausen (Elsaß) | * | Kiliani | 4./3. 03 | |
| 3636 | Otto | Greiner | Koburg | Apotheker-Prüfung Note II | Kiliani | 4./3. 03 | |

**Chemisches Laboratorium der Universität Freiburg i. B. (philosoph. Abt.).**

| Aufgedruckte No. der Zeugniskarte | Vorname | Zuname | Geburtsort | Vorbildung | Examinatoren | Datum der Ausfertigung | Art der Prüfung |
|---|---|---|---|---|---|---|---|
| S.-S. 02 | | | | | | | |
| 2284 | Felix | Rüggeberg | Schwelm | Abitur. Real-Gymnasium | Gattermann | 28./5. 02 | V. |
| 2286 | Arthur | Heuss | Moskau | Abitur. Real-Gymnasium | Gattermann | 30./6. 02 | V. |

## Chemisches Laboratorium der Universität Freiburg i. B. (philosoph. Abt.).
Fortsetzung.

| Aufgedruckte No. der Zeugniskarte | Vorname | Zuname | Geburtsort | Vorbildung | Examinatoren | Datum der Ausfertigung | Art der Prüfung |
|---|---|---|---|---|---|---|---|
| S.-S. 02 | | | | | | | |
| 2276 | Karl | Frégonneau | Eichstetten | Ober-Sek.-Reife | Gattermann | 25./7. 02 | V. |
| 2285 | Friedrich | Borchers | Goslar | Primareife Gymnasium | Gattermann | 30./7. 02 | V. |
| 2294 | Gustav | Rümelin | Freiburg i. B. | Abitur. Gymnasium | Gattermann | 24./7. 02 | V. |
| 2293 | Johannes | Westhues | Münster i. W. | Abitur. Real-Gymnasium | Gattermann | 31./7. 02 | V. |
| W.-S. 02/03 | | | | | | | |
| 2291 | Alfred | Bergdolt | Freiburg i. B. | Abitur. Ober-Realschule | Gattermann | 4./11. 02 | V. |
| 3571 | Arthur | Hill | Newark (U.S.) | Master of science | Gattermann | 6./11. 02 | V. |
| 2290 | Hans | Werner | Mannheim | Abitur. Real-Gymnasium | Gattermann | 16./12. 02 | V. |
| 2088 | Alexis | Ucke | Stirnen (Kurland) | Abitur. Gymnasium | Hilger Gattermann | 16./12. 02 | V. |
| 3573 | Alfred | Lange | Härtensdorf | Abitur. Real-Gymnasium | Gattermann | 10./12. 02 | Diplom Haupt-exam. |
| 2295 | Friedrich | Suckert | Oberlangen-Bielau | Abitur. Gymnasium | Gattermann | 20./12. 02 | V. |
| 2296 | Ernst | Schrader | Berlin | Abitur. Real-Gymnasium | Gattermann | 12./1. 03 | V. |
| 2668 | Emil | Rössler | Steinhude | Abitur. Real-Gymnasium | Seubert Gattermann | 19./1. 03 | V. |
| 3206 | Theodor | Scholz | Budapest | Abitur. Gymnasium | Erdmann Gattermann | 3./2. 03 | V. |
| 2280 | Max | Simonis | St. Johann | Abitur. Gymnasium | Gattermann | 16./2. 03 | V. |
| 3217 | Kurt | Witte | Berlin | Abitur. Gymnasium | Erdmann Gattermann | 2./3. 03 | V. |
| 3582 | Ludwig | Krauss | Schainbach | Pharmaz. Note I | Gattermann | 6./3. 03 | V. |

## Chemisches Universitätslaboratorium Giessen.

| | | | | | | | |
|---|---|---|---|---|---|---|---|
| S.-S. 02 | | | | | | | |
| 3227 | Eugen | Mannheimer | Wimpfen | Real-Gymnasialabsolv. | Alex. Naumann | 30./7. 02 | V. |
| W.-S. 02/03 | | | | | | | |
| 2902 | Hans | Reitz | Frankfurt a. M. | Ober-Realschulabsolv. | Alex. Naumann | 16./12. 02 | V. |

## Universitätslaboratorium Göttingen.

| Aufgedruckte No. der Zeugniskarte | Vorname | Zuname | Geburtsort | Vorbildung | Examinatoren | Datum der Ausfertigung | Art der Prüfung |
|---|---|---|---|---|---|---|---|
| S.-S. 02 | | | | | | | |
| 3083 | **Eugen** | **Röver** | Verden | Abitur. Real-Gymnasium | Wallach | 5./5. 02 | V. |
| 3084 | **Adolf** | **Steindorff** | Göttingen | Abitur. hum. Gymnasium | Wallach | 5./5. 02 | V. |
| 3085 | **Richard** | **Müller** | Fulda | Abitur. Real-Gymnasium | Wallach | 5./5. 02 | V. |
| 3086 | **Wilhelm** | **Schmitz** | Cöln | Abitur. Real-Gymnasium | Wallach | 5./5. 02 | V. |
| 3109 | **Hans** | **Heintzel** | Lüneburg | Abitur. Real-Gymnasium | Gabriel Wallach | 15./7. 02 | V. |
| 3087 | **Erich** | **Böcker** | Hersfeld | Abitur. hum. Gymnasium | Wallach | 15./7. 02 | V. |
| 3088 | **Hans** | **Müller** | Koblenz | Abitur. hum. Gymnasium | Wallach | 15./7. 02 | V. |
| 3089 | **Johannes** | **Görbing** | Weißensee i. Th. | Pharmaz. Staatsexam. Note I | Wallach | 15./7. 02 | V. |
| 3090 | **Traugott** | **Zeller** | Oranienburg | Abitur. hum. Gymnasium | Wallach | 15./7. 02 | V. |
| W.-S. 02/03 | | | | | | | |
| 3091 | **Hugo** | **Köhler** | Erfurt | Abitur. Real-Gymnasium | Wallach | 6./11. 02 | V. |
| 3092 | **Wilhelm** | **Zörnig** | Bensberg | Abitur. hum. Gymnasium | Wallach | 6./11. 02 | V. |
| 3215[1] | **Erich** | **Beschke** | Magdeburg | Abitur. Real-Gymnasium | H. Erdmann Wallach | 6./11. 02 | V. |
| 3093 | **Ernst** | **Kayser** | Hildesheim | Abitur. hum. Gymnasium | Wallach | 15./11. 02 | V. |
| 3094 | **Bruno** | **Emmert** | Karlstadt a. M. | Abitur. hum. Gymnasium | Wallach | 23./2. 03 | V. |
| 3315 | **Georg** | **Gahrtz** | Grabow i. Meckl. | Abitur. Real-Gymnasium | J. Wislicenus Wallach | 23./2. 03 | V. |

## Agricultur-chemisches Laboratorium der Universität Göttingen.

| | | | | | | | |
|---|---|---|---|---|---|---|---|
| W.-S. 01/02 | | | | | | | |
| 1584 | **Alois** | **Müther** | Greven b. Münster i. W. | Gymnasium i. Wagendorf (Kr. Münster i. W.) | B. Tollens | 24./1. 02 | |
| S.-S. 02 | | | | | | | |
| 1585 | **William Edward** | **Barlow** | Burg (Lancashire, Engl.) | Burg School Cambridge Universität | B. Tollens | 13./5. 02 | |

[1]) Versehentlich schon in den Verbandsberichten Heft IV, S. 18 durch H. Erdmann aufgeführt, vergl. die Berichtigungen S. 82.

## Agricultur-chemisches Laboratorium der Universität Göttingen.
Fortsetzung.

| Aufgedruckte No. der Zeugniskarte | Vorname | Zuname | Geburtsort | Vorbildung | Examinatoren | Datum der Ausfertigung | Art der Prüfung |
|---|---|---|---|---|---|---|---|
| S.-S. 02 1586 | Walter B. | Ellitt | Blacksburg (Va., U. S.) | Virginia Polytechnisch. Institut in Blacksburg | B. Tollens | 17./7. 02 | |
| W.-S. 02/03 1587 | William | Goodwin | Macelesfield (England) | King Edward VI. School Macelesfield | B. Tollens | 20./11. 02 | |

## Chemisches Institut der Universität Greifswald.

| Aufgedruckte No. der Zeugniskarte | Vorname | Zuname | Geburtsort | Vorbildung | Examinatoren | Datum der Ausfertigung | Art der Prüfung |
|---|---|---|---|---|---|---|---|
| S.-S. 02 2506 | Rudolf | Zaubitzer | Weimar | Abitur. Real-Gymnasium | Claßen Auwers | 1./5. 02 | V. |
| 2681 | Siegfried | Wermer | Wien | Abitur. Handelsakademie Prag | Auwers | 9./5. 02 | V. |
| 2682 | Robert | Bergholz | Greifswald | Hum. Gymn. Ober-Sek. | Auwers | 9./5. 02 | V. |
| 2683 | Mony | de Majo | Belgrad | Bürgerschule (Wien), Privatschule (Paris) | Auwers | 13./5. 02 | V. |
| 2685 | Kurt | Bode | Greifswald | Hum. Gymn. Ober-Sek. Pharmaz. Staatsexam. Note I | Auwers | 31./7. 02 | V. |
| W.-S. 02/03 3238 | Henry | Young | Bootle (England) | Liverpool College Upper School | Curtius Auwers | 26./1. 03 | V. |
| 2684 | Fritz | Jescheck | Rosenthal b. Breslau | Abiturient Hum. Gymn. | Auwers | 9./2. 03 | V. |

## Chemisches Institut der Universität Halle a. S.

| Aufgedruckte No. der Zeugniskarte | Vorname | Zuname | Geburtsort | Vorbildung | Examinatoren | Datum der Ausfertigung | Art der Prüfung |
|---|---|---|---|---|---|---|---|
| S.-S. 02 3382 | Georg | Feuerstein | Übigau (Pr. Sachs.) | * | i. V. Doebner | 9./5. 02 | V. |
| 3383 | Theodor | Wallis | Dodendorf (Pr. Sachs.) | Hum. Gymn. | i. V. Doebner | 9./5. 02 | V |
| 3384 | Hans | Ehrenberg | Halle a. S. | Hum. Gymn. | i. V. Doebner | 9./5. 02 | V. |
| 3385 | Wolfgang | Reidemeister | Magdeburg | Real-Gymn. | Volhard | 12./6. 02 | V. |
| 3386 | Hajk | Gedakjan | Schuscha (Russ. Armenien) | Hum. Gymn. | Volhard | 1./8. 02 | V. |

## Chemisches Institut der Universität Halle a. S. Fortsetzung.

| Aufgedruckte No. der Zeugniskarte | Vorname | Zuname | Geburtsort | Vorbildung | Examinatoren | Datum der Ausfertigung | Art der Prüfung |
|---|---|---|---|---|---|---|---|
| W.-S. 02/03 | | | | | | | |
| 3387 | Werner | Wüst | Halle a. S. | * | Volhard | 13./11. 02 | V. |
| 3388 | Abrah. Isaak | Perold | Kapland | Bach. of. a. | Volhard | 15./12. 02 | V. |
| 3389 | Thaddäus | v. Kuczkowski | Gnesen | * | Volhard | 16./1. 03 | V. |
| 2680 | Max | Neumann | Ortelsberg (Ostpreuß.) | * | Auwers Volhard | 3./2. 03 | V. |
| 3390 | Hugo | Weinhausen | Herrhausen a. Harz | * | Volhard | 25./2. 03 | V. |
| 3391 | Gumol | Fessel | Halle a. S. | * | Volhard | 4./3. 03 | V. |

## Technische Hochschule Hannover. Laboratorium für Anorganische Chemie.

| | | | | | | | |
|---|---|---|---|---|---|---|---|
| S.-S. 02 | | | | | | | |
| 2665 | Friedrich | Emmerich | Wiesbaden | Ober-Realschule Primareife | Seubert | 15./4. 02 | V. |
| 2666 | Julius | Hochhut | Frankfurt a. M. | Ober-Realschule Oberprimar. | Seubert | 5./5. 02 | V. |
| 2669 | Max | Salchow | Grevesmühlen (Mecklenb.) | Real-Gymn. Oberprimar. gepr. Apoth. | Seubert | 29./5. 02 | V. |
| W.-S. 02/03 | | | | | | | |
| 2670 | Paul | Reichard | Wiesbaden | Real-Gymn. Abiturient | Seubert | 15./7. 02 | V. |

## Universitäts-Laboratorium Heidelberg.

| | | | | | | | |
|---|---|---|---|---|---|---|---|
| S.-S. 02 | | | | | | | |
| 1182 | Alfred | Hoesch | Königstein | Hum. Gymn. absolv. | Curtius | 12./5. 02 | V. |
| 2058 | Leopold | Rostosky | Niederschlemma | Real-Gymn. absolv. | Hilger Curtius | 12./5. 02 | V. |
| 1187 | Albert | Rothmann | Kreuznach | Ober-Realschule absolv. | Curtius | 14./5. 02 | V. |
| 2436 | Paul | Schlüchterer | Stuttgart | Hum. Gymn. absolv. | E. Fischer Curtius | 14./5. 02 | V. |
| 1154 | Paul | Mendius | Ziegelhausen | Hum. Gymn. bis IIb inkl. | Curtius | 30./5. 02 | V. |
| 785 | Josef | Bergmann | Neheim | 6klass. Realschule absolv. | Curtius | 16./6. 02 | V. |
| 1275 | Sebastian | Heilmann | Merseburg | Real-Gymn. bis IIb inkl. | Curtius | 16./6. 02 | V. |

## Universitäts-Laboratorium Heidelberg. Fortsetzung.

| Aufgedruckte No. der Zeugniskarte | Vorname | Zuname | Geburtsort | Vorbildung | Examinatoren | Datum der Ausfertigung | Art der Prüfung |
|---|---|---|---|---|---|---|---|
| S.-S. 02 | | | | | | | |
| 1194 | **Ernst** | **Müller** | Eßlingen | Ober-Realschule absolv. | Curtius | 19./6. 02 | V. |
| 1196 | **Wolfgang** | **Lenhard** | Bruchsal | Hum. Gymn. absolv. | Curtius | 1./7. 02 | V. |
| 1188 | **Ernst** | **Mercklin** | Hannover | Real-Gymn. bis III inkl. Einj. vor d. Kommission | Curtius | 1./7. 02 | V. |
| 1175 | **Ernst** | **Langensiepen** | Elberfeld | Real-Gymn. bis IIb inkl. (Apotheker) | Curtius | 8./7. 02 | V. |
| 1199 | **Ernst** | **Wilke** | Bielitz | Österr. Realschule Einj.-Zeugn. | Curtius | 24./7. 02 | V. |
| 1147 | **Richard** | **Seligmann** | London | Engl. Privatschule | Curtius | 25./7. 02 | V. |
| 2789 | **Hermann** | **Hoelzer** | Butzbach | Oberprima hum. Gymn. | Engler Curtius | 29./7. 02 | V. |
| 1190 | **Walter** | **Halle** | Wien | Österr. Handels-Akademie absolv. | Curtius | 30./7. 02 | V. |
| 3245 | **Karl** | **Thomae** | Stuttgart | Real-Gymn. bis IIb inkl. (Apotheker) | Curtius | 4./8. 02 | V. |
| 3232 | **Walter** | **Kind** | Hunstig b. Köln | Hum. Gymn. Primareife (Apotheker) | Curtius | 4./8. 02 | V. |
| 3246 | **Rudolf** | **Scheuermann** | Langenschwalbach | Hum. Gymn. bis IIb inkl. (Apotheker) | Curtius | 4./8. 02 | V. |
| 3237 | **Karl** | **Köck** | München | Hum. Gymn. bis IIb inkl. (Apotheker) | Curtius | 5./8. 02 | V. |
| 3230 | **Wilhelm** | **Rottmann** | Hacheney | Hum. Gymn. bis IIb inkl. (Apotheker) | Curtius | 5./8. 02 | V. |
| 3242 | **Otto** | **von Mayer** | Minden | Realschule absolv. (Apotheker) | Curtius | 5./8. 02 | V. |
| 3241 | **Otto** | **Gumlich** | Nichtewitz | Hum. Gymn. bis IIb inkl. (Apotheker) | Curtius | 7./8. 02 | V. |
| W.-S. 02/03 | | | | | | | |
| 1197 | **Leo** | **Levy** | Polzin | Hum. Gymn. absolv. | Curtius | 7./11. 02 | V. |
| 3106 | **Hans** | **Lebach** | Elberfeld | Hum. Gymn. absolv. | Curtius | 14./11. 02 | V. |

## Universitäts-Laboratorium Heidelberg. Fortsetzung.

| Auf-gedruckte No. der Zeugnis-karte | Vorname | Zuname | Geburtsort | Vorbildung | Examinatoren | Datum der Aus-fertigung | Art der Prüfung |
|---|---|---|---|---|---|---|---|
| W.-S. 02/03 | | | | | | | |
| 3126 | Friedrich | Epstein | Breslau | Hum. Gymn. absolv. | Harries Curtius | 3./12. 02 | V. |
| 3231 | Christian | Stamm | Königsfeld i. Baden | Hum. Gymn. absolv. | Curtius | 17./12. 02 | V. |
| 3234 | Otto | v. Schenck | Heidelberg | Hum. Gymn. absolv. | Curtius | 11./2. 03 | V. |
| 1163 | August | Eppelsheim | Grünstadt | 6 klass. Real-schule absolv. | Curtius | 26./2. 03 | V. |
| 1189 | Richard | Sautter | Nagold | Hum. Gymn. absolv. | Curtius | 26./2. 03 | V. |
| 3235 | Anton | Weindel | Tauber-bischofsheim | Hum. Gymn. absolv. | Curtius | 5./3. 03 | V. |

## Laboratorium des Prof. F. Krafft in Heidelberg.

| | | | | | | | |
|---|---|---|---|---|---|---|---|
| S.-S. 02 | | | | | | | |
| 2621 | Iossel | Ettinger | Bresten | * | Krafft | 3./6. 02 | V. |
| 3423 | Georg | Meyfarth | Berlin | Real-Gymn. Ia | Krafft | 17./6. 02 | V. |
| 3401 | Ludwig | Berg | Zimmerhof (Baden) | Realschule Ib | Krafft | 29./7. 02 | V. |
| 3402 | Michele | Russo | Wien | Ober-Real-schule Abit. | Krafft | 1./8. 02 | V. |
| 3403 | Johannes | Greven | Mülheim a. Rh. | Einj.-Freiw.-Zeugn. | Krafft | 1./8. 02 | V. |
| 3404 | Timoth. | Scheid-weiler | Luxemburg | Gymn. IIa | Krafft | 1./8. 02 | V. |
| 3405 | August | Haupt | Halberstadt | Gymn. IIa | Krafft | 1./8. 02 | V. |
| 3406 | Wilhelm | Krauth | Frankfurt a. M. | Ober-Real-schule Ia | Krafft | 7./8. 02 | V. |
| 3407 | Karl | Brons | Groothusen | Industrie-schule Abit. | Krafft | 7./8. 02 | V. |
| 3408 | Arthur | Adolphs | Elberfeld | Ober-Real-schule IIa | Krafft | 7./8. 02 | V. |
| 3409 | Fritz | Diehl | Gaugreh-weiler | Realschule | Krafft | 7./8. 02 | V. |
| W.-S. 02/03 | | | | | | | |
| 3410 | Ludwig | Bergfeld | Bremen | Real-Gymn. Abiturient | Krafft | 19./11. 02 | V. |
| 3411 | Julius | Friedländer | Berlin | Hum. Gymn. Ib | Krafft | 18./12. 02 | V. |
| 1198 | Franz | Tockert | Roodt | Collège de Longuyon I. cl. | Curtius Krafft | 18./12. 02 | V. |
| 3663 | Theo | Marx | Cöln a. Rh. | Einj.-Freiw.-Ber. | Anschütz Krafft | 20./2. 03 | V. |

## Laboratorium des Prof. F. Krafft in Heidelberg. Fortsetzung.

| Aufgedruckte No. der Zeugniskarte | Vorname | Zuname | Geburtsort | Vorbildung | Examinatoren | Datum der Ausfertigung | Art der Prüfung |
|---|---|---|---|---|---|---|---|
| W.-S. 02/03<br>3412 | Dietrich | Lohmann | Brinkum (Hannover) | Hum. Gymn. Apotheker | Krafft | 24./2. 03 | V. |
| 3413 | Paul | Lehmann | Berlin | Real-Gymn. Ia | Krafft | 6./3. 03 | V. |

## Universitätslaboratorium Jena.

| | | | | | | | |
|---|---|---|---|---|---|---|---|
| S.-S. 02<br>2217 | Georg | Hoene | Blankenhain | Real-Gymn. absolv. | Knorr | 1./8. 02 | V. |
| W.-S. 02/03<br>2218 | Woldemar | Trautmann | Oberniclasdorf (Schles.) | Realschule absolv. | Knorr | 11./12. 02 | V. |
| 2219 | Arno | Voigt | Zillbach (Meiningen) | Real-Gymn. Unterprima | Knorr | 11./12. 02 | V. |
| 2220 | James | Mc. Connon | Liverpool | University College Liverpool | Knorr | 20./2. 03 | V. |
| 2221 | Alexander | Rule | Liverpool | University College Liverpool | Knorr | 20./2. 03 | V. |
| 2222 | John Herbert | Reid | Liverpool | University College Liverpool | Knorr | 20./2. 03 | V. |

## Chemisches Laboratorium der Technischen Hochschule zu Karlsruhe.

| | | | | | | | |
|---|---|---|---|---|---|---|---|
| W.-S. 00/01<br>3683 | Karl | Schick | Wallertheim | Abiturient Ober-Realschule | Engler | 24./10. 00 | D. |
| S.-S. 01<br>3682 | Franz | Richardt | Küllstedt | Abiturient Gymnasium | Engler | 13./5. 01 | D. |
| W.-S. 01/02<br>3685 | Louis | Gedel | Dessau | Abiturient Real-Gymn. | Engler | 21./10. 01 | D. |
| 3686 | Erwin | Raeuber | Müllheim | Abiturient Ober-Realschule | Engler | 21./10. 01 | D. |
| 3687 | Wilhelm | Hollenweger | Karlsruhe | Abiturient Ober-Realschule | Engler | 21./10. 01 | D. |
| 3684 | August | Kremper | Reinerz | Apotheker Note I | Engler | 10./3. 02 | D. |

## Chemisches Laboratorium der Techn. Hochschule zu Karlsruhe. Fortsetzung.

| Aufgedruckte No. der Zeugniskarte | Vorname | Zuname | Geburtsort | Vorbildung | Examinatoren | Datum der Ausfertigung | Art der Prüfung |
|---|---|---|---|---|---|---|---|
| S.-S. 02 | | | | | | | |
| 2790 | **Oskar** | **Wolf** | Mähr. Weißkirchen | Höher.Staats-Gewerbeschule | Engler | 15./5. 02 | V. |
| 2795 | **Karl** | **Holdermann** | Karlsruhe | Abiturient Gymnasium | Engler | 31./7. 02 | V. |
| 2797 | **Ernst** | **Wassermann** | Bamberg | Industrieschule Kurs I | Engler | 25./8. 02 | V. |
| W.-S. 02/03 | | | | | | | |
| 2799 | **Franz** | **Seeligmann** | Karlsruhe | Abiturient Real-Gymn. | Engler | 7./10 02 | V. |
| 2792 | **Wilhelm** | **Seybold** | Landau | Einjährigen-Berechtig. | Engler | 7./10. 02 | V. |
| 3688 | **Michael** | **Sack** | St. Petersburg | Abiturient Gymnasium | Engler | 24./11. 02 | D. |
| 3689 | **Rudolf** | **Russ** | Prag | Abiturient Gymnasium | Engler | 8./12. 02 | D. |

## Universitätslaboratorium Kiel.

| Aufgedruckte No. der Zeugniskarte | Vorname | Zuname | Geburtsort | Vorbildung | Examinatoren | Datum der Ausfertigung | Art der Prüfung |
|---|---|---|---|---|---|---|---|
| S.-S. 02 | | | | | | | |
| 2187 | **Karl** | **Stepf** | Schweinfurt a. M. | Abiturient Hum. Gymn. | L. Claisen | 26./4. 02 | V. |
| 2192 | **Heinrich** | **Süchting** | Arfrade bei Lübeck | Abiturient Hum. Gymn. | L. Claisen | 29./4. 02 | V. |
| 2193 | **Otto** | **Welter** | Essen | Abiturient Ober-Realschule | L. Claisen | 2./5. 02 | V. |
| 2195 | **Karl** | **Streitwolf** | Heide (Holstein) | Hum. Gymn. bis Ob.-Sek. | L. Claisen | 11./6. 02 | V. |
| 2194 | **Ludwig** | **Bartsch** | Freiburg (Schlesien) | Real-Gymn. bis Ob.-Sek. | L. Claisen | 26./7. 02 | V. |
| 2196 | **Hans** | **Obladen** | Köln a. Rh. | Real-Gymn. bis Unterprima | L. Claisen | 26./7. 02 | V. |
| W.-S. 02/03 | | | | | | | |
| 2197 | **Ernst** | **Hinterlach** | Berlin | Abiturient 6klassiger Realschule | L. Claisen | 31./10. 02 | V. |
| 2190 | **Karl** | **Stellbaum** | Bonn | Hum. Gymn. bis Ob.-Sek. | L. Claisen | 4./11. 02 | V. |
| 2198 | **Joseph** | **Keutner** | Rüdesheim | Ober-Realschule bis Unterprima | L. Claisen | 26./1. 03 | V. |
| 2199 | **Ernst** | **Rudolfi** | Wien | Abiturient Real-Gymn. | L. Claisen | 11./2. 03 | V. |
| 2200 | **Karl** | **Ruder** | München | Hum. Gymn. bis Ob.-Sek. | L. Claisen | 11./2. 03 | V. |
| 3782 | **Oskar** | **Lobeck** | Görlitz | Real-Gymn. bis Ob.-Sek. | L. Claisen | 6./3. 03 | V. |

## Chemisches Laboratorium der Universität Königsberg.

| Aufgedruckte No. der Zeugniskarte | Vorname | Zuname | Geburtsort | Vorbildung | Examinatoren | Datum der Ausfertigung | Art der Prüfung |
|---|---|---|---|---|---|---|---|
| S.-S. 02 | | | | | | | |
| 2852 | Erich | Baron von Ungern-Sternberg | Karstenois (Livland) | Livländisch. Gymnasium | Lossen | 1./5. 02 | V. |
| 2853 | Jonas Antzel | Salzer | Datnow (Rußland) | Vorbereitungsschule in Frankfurt a. M. | Lossen | 2./6. 02 | V. |
| 2854 | Bernhard | Gehring | Mauer bei Wien | Gymnasium bis Ob.-Sek. | Lossen | 24./7. 02 | V. |
| 2855 | Fredi | Mahlow | Pölitz (Kr. Randow) | Gymnasial-Abiturient | Lossen | 14./8. 02 | V. |
| W.-S. 02/03 | | | | | | | |
| 2856 | Hermann | Kalisch | Danzig | Real-Gymn. absolv. | Lossen | 10./11. 02 | V. |
| 2858 | Viktor | Zelasco | Schöneich bei Guben | Real-Gymn. absolv. | Lossen | 10./11. 02 | V. |
| 2859 | Leo | Fink | Wolkowischka (Rußl.) | Privatim zum Einjährigenzeugnis in Rußland | Lossen | 11./11. 02 | V. |
| 2860 | Josef | Liebermann | Telschi (Rußland) | Russ. Gymn. Ob.-Sek. Russ. Apothekerexamen | Lossen | 11./11. 02 | V. |
| 2861 | Fritz | Schultze | Berlin | Gymnasium absolv. | Lossen | 4./12. 02 | V. |
| 3424 | Alfred | Glücksmann | Pleß | Gymnasium Ob.-Sek. | Lossen | 12./1. 03 | V. |
| 2862 | Hans | Meckbach | Danzig | Gymnasium Sekunda | Lossen | 12./1. 03 | V. |
| 2863 | Konrad | Sonnenstuhl | Braunsberg | Gymnasium absolv. | Lossen | 23./1. 03 | V. |
| 2864 | Hans | Giffenig | Bützow | Gymnasium Prima | Lossen | 30./1. 03 | V. |

## Pharmazeutisch-chem. Laboratorium der Universität Königsberg i. Pr.

| | | | | | | |
|---|---|---|---|---|---|---|
| S.-S. 02 | | | | | | |
| 3355 | Benjamin | Siew | Siady (Rußland) | Ober-Realschule | Klinger | 7./6. 02 |
| 3357 | Fritz | Türkheimer | Berlin | Apotheker | Klinger | 30./6. 02 |
| 3358 | Konrad | Fischel | Gilgenberg | Apotheker | Klinger | 6./3. 03 |
| 3359 | Paul | Sillmann | Groß-Schwagminen | Apotheker | Klinger | 6./3. 03 |

## Agrikultur-chemisches Laboratorium Königsberg.

| Aufgedruckte No. der Zeugniskarte | Vorname | Zuname | Geburtsort | Vorbildung | Examinatoren | Datum der Ausfertigung | Art der Prüfung |
|---|---|---|---|---|---|---|---|
| S.-S. 02 | | | | | | | |
| 3426 | Bernhard | Schimschelewitz | Lubya (Rußland) | * | Stutzer | 25./7. 02 | V. |

## I. Chemisches Universitäts-Laboratorium Leipzig.

| Aufgedruckte No. der Zeugniskarte | Vorname | Zuname | Geburtsort | Vorbildung | Examinatoren | Datum der Ausfertigung | Art der Prüfung |
|---|---|---|---|---|---|---|---|
| S.-S. 02 | | | | | | | |
| 3311 | Arthur | Rosenburg | Linda | Mat. Real-Gymnasium Nordhausen | Wislicenus | 9./5. 02 | |
| 3312 | Kurt | Striegler | Grimma | Absolutorium der höheren Gewerbeschule in Chemnitz | Wislicenus | 2./6. 02 | |
| 3313 | Martin Alwin | Lobeck | Muschwitz bei Weißenfels | Gymn. Halle Sekunda | Wislicenus | 17./6. 02 | |
| 3314 | Ernst | Stern | Kamen (Westf.) | Matur. Real-Gymnasium | Wislicenus | 19./6. 02 | |
| 3317 | Alfred | Gumperz | Hannover | Matur. Real-Gymnasium | Wislicenus | 11./7. 02 | |
| 3318 | Oskar | Kaufmann | Hannover | Matur. Real-Gymnasium | Wislicenus | 11./7. 02 | |
| 3319 | Andreas | Logothetis | Kalamata | Matur. Gymn. | Wislicenus | 12./7. 02 | |
| W.-S. 02/03 | | | | | | | |
| 3320 | Eduard Arthur Kurt | Berger | Althen bei Leipzig | Matur. Real-Gymnasium | Rassow i. V. | 14./11. 02 | |
| 3321 | Karl Traugott | Leuner | Stolpen in Sachsen | Matur. Real-Gymnasium | Stobbe i. V. | 14./11. 02 | |
| 3322 | Josef | Sistig | Krefeld | Prima-Zeugn. Real-Gymn. | Rassow i. V. | 21./11. 02 | |
| 3323 | Rich. Otto | Reuter | Mücheln b. Merseburg | Matur. Gymn. | Rassow i. V. | 21./11. 02 | |
| 3324 | Alfr. Bernh. Theodor | Schroeter | Leipzig | Matur. Real-Gymnasium | Stobbe i. V. | 12./12. 02 | |
| 3325 | Hermann Martin | Gruber | Geithain i. S. | Matur. Real-Gymnasium | Rassow i. V. | 12./12. 02 | |
| 3731 | Wilhelm Arthur | Schmidt | Haynau i. Schl. | Matur. Ober-Realschule | Rassow i. V. | 6./2. 03 | |
| 3732 | Reinhold | Rieke | Riga | Matur. Gymn. | Rassow i. V. | 6./2. 03 | |
| 3733 | Hermann | Weisz | Wien | Matur. Gymn. | Stobbe i. V. | 13./2. 03 | |
| 3734 | Hans Ferd. | Gademann | Schweinfurt | Matur. Gymn. | Stobbe i. V. | 13./2. 03 | |
| 3735 | Alexander | Schwyzer | Zürich | Matur. Real-Gymnasium Sekunda | Stobbe i. V. | 20./2. 03 | |

## I. Chemisches Universitäts-Laboratorium Leipzig.
Fortsetzung.

| Aufgedruckte No. der Zeugniskarte | Vorname | Zuname | Geburtsort | Vorbildung | Examinatoren | Datum der Ausfertigung | Art der Prüfung |
|---|---|---|---|---|---|---|---|
| W.-S. 02/03 | | | | | | | |
| 3736 | Karl Otto | Horn | Brandenburg a. d. H. | Real-Gymn. Pharm.Prüf. Note I | Stobbe i. V. | 20./2. 03 | |
| 3737 | Theodor | Albrecht | Hildesheim | Matur. Gymn. | Stobbe i. V. | 20./2. 03 | |
| 3738 | Kurt Theod. | Albert | Biebrich a. Rh. | Matur. Real-Gymnasium | Stobbe i. V. | 20./2. 03 | |
| 3233 | Karl | Leber | Hoboken V. St. A. | Matur. Gymn. | Rassow i. V. | 27./2. 03 | |
| 3739 | Peter Otto August | Krafft | Lauenburg a. E. | Matur. Real-Gymnasium | Rassow i. V. | 27./2. 03 | |
| 3741 | Rob. Herm. | Sammet | Lützen | Ober-Sek. Gymnasium Pharm.Prüf. Note I | Stobbe i. V. | 6./3. 03 | |
| 3742 | Karl Friedr. Wilhelm | Feuerlein | Würzburg | Sekunda-Gymnasium | Stobbe i. V. | 6./3. 03 | |

## Physik.-chem. Institut der Universität Leipzig.

| | | | | | | | |
|---|---|---|---|---|---|---|---|
| S.-S. 02 | | | | | | | |
| 2933 | Walter | Neumann | Kattowitz | Robert College Konstantinopel | Ostwald | 30./4. 02 | V. |
| 2932 | Werner | v. Heygendorff | Bad Elster | Gymnasium Abiturient | Ostwald | 30./4. 02 | V. |
| 2934 | Oskar | Bauer | Leipzig | Real-Gymn. Untersek. | Ostwald | 3./5. 02 | V. |
| 2940 | Paul | Hein | Hannover | Real-Gymn. | Ostwald | 30./7. 02 | V. |
| 2942 | Ejnar | Hertzsprung | Kopenhagen | Ing. Diplom | Ostwald | 30./7. 02 | V. |
| W.-S. 02/03 | | | | | | | |
| 2936 | Friedrich | Ohlmer | Dorste | Gymnasium Abiturient | Ostwald | 18./12. 02 | V. |
| 2944 | Friedrich | Grossmann | Leipzig | Real-Gymn. Abiturient | Ostwald | 18./12. 02 | V. |
| 2945 | Eduard | Oehler | Niederwünsche | Ober-Realschule Unterprima | Ostwald | 18./12. 02 | V. |
| 2947 | James | Westhaver | Lauenburg | High School Denvar | Ostwald | 3./3. 03 | V. |
| 2948 | William | Bray | Wengham | High School London (Canada) | Ostwald | 3./3. 03 | V. |

## Laboratorium für angewandte Chemie der Universität Leipzig.

| Aufgedruckte No. der Zeugniskarte | Vorname | Zuname | Geburtsort | Vorbildung | Examinatoren | Datum der Ausfertigung | Art der Prüfung |
|---|---|---|---|---|---|---|---|
| S.-S. 02 | | | | | | | |
| 2170 | Gerhard | Schmidt | Leipzig | Abiturient Real-Gymn. | E. Beckmann | 29./4. 02 | |
| 2891 | Otto | Liesche | Leipzig | Abiturient Hum. Gymn. | E. Beckmann | 1./5. 02 | |
| 2893 | Ernst | Fickendey | Uthmöden (Braunschweig) | Abiturient Hum. Gymn. | E. Beckmann | 14./5. 02 | |
| 2636 | Max | Saure | Kassel | $1^1/_2$ Jahre Obersek. des Gymnas. | E. Beckmann | 6./6. 02 | |
| 2456 | Hans | Stoehr | Leipzig | Abiturient Real-Gymn. | E. Beckmann | 3./7. 02 | |
| 2885 | Max | Schiel | Dothen (Weimar) | Barthsche Privatschule Einj.-Freiw.Exam. | E. Beckmann | 24./7. 02 | |
| 2896 | Karl | Haerting | Knauthain bei Leipzig | Hum. Gymn. 1 Jahr Obersekunda Pharm. St.-Examen Note I | E. Beckmann | 24./7. 02 | |
| W.-S. 02/03 | | | | | | | |
| 2895 | Alexander | Scholz | Seifhennersdorf bei Zittau | Reife f. Prima Hum. Gymn. | E. Beckmann | 3./2. 03 | |
| 2899 | Wilhelm | Brinkmann | Duisburg | Abiturient Hum. Gymn. | E. Beckmann | 5./2. 03 | |
| 2898 | Wilhelm | Treitschke | Erfurt | Abiturient Hum. Gymn. | E. Beckmann | 26./2. 03 | |

## Chem. Laborat. des physiol. Instituts der Universität Leipzig.

| | | | | | | | |
|---|---|---|---|---|---|---|---|
| S.-S. 02 | | | | | | | |
| 2387 | Johannes | Ende | Büßleben bei Erfurt | Hum. Gymn. bis Unterprima | M. Siegfried | 11./7. 02 | |
| W.-S. 02/03 | | | | | | | |
| 2388 | Konstantin | Abovian | Etschmidsin bei Erivan | Seminarkursus der armenischen Akademie | M. Siegfried | 15./11. 02 | |
| 2389 | Werner | Gent | Bornum bei Seesen | Hum. Gymn. Matur. | M. Siegfried | 15./11. 02 | |
| 2390 | Alexander | v. Kötteritz | Leipzig | Real-Gymn. Obersek. | M. Siegfried | 5./3. 03 | |

## Chemisches Institut der Universität Marburg.

| Aufgedruckte No. der Zeugniskarte | Vorname | Zuname | Geburtsort | Vorbildung | Examinatoren | Datum der Ausfertigung | Art der Prüfung |
|---|---|---|---|---|---|---|---|
| S.-S. 02 | | | | | | | |
| 1091 | **Georg** | **Jehn** | Hadamar | Gymnasium Reifezeugn. | Zincke | 12./5. 02 | V. |
| 3276 | **Julius** | **Kortenbach** | Burbach | Gymnasium Reifezeugn. | Zincke | 2./6. 02 | V. |
| 3283 | **Paul** | **Meyer** | Biebrich a. Rh. | Real-Gymn. Reifezeugn. | Zincke | 4./7. 02 | V. |
| 3284 | **Max** | **Buff** | Krefeld | Real-Gymn. Reifezeugn. | Zincke | 15./5. 02 | V. |
| 3285 | **Walter** | **Engel** | Langewiese | Gymnasium Reifezeugn. | Zincke | 7./7. 02 | V. |
| 3286 | **Johannes** | **Drost** | Dykhausen | Gymnasium Reifezeugn. | Zincke | 7./7. 02 | V. |
| 3287 | **Wilhelm** | **Broeg** | Marburg | Real-Gymn. Reifezeugn. | Zincke | 6./8. 02 | V. |
| 3288 | **Armin** | **Trieschmann** | Kassel | Ober-Realschule Oberprima inkl. | Zincke | 31./7. 02 | V. |
| 3289 | **Kurt** | **Henke** | Höchst a. M. | Gymnasium Reifezeugn. | Zincke | 5./8. 02 | V. |
| 3290 | **Johannes** | **Goldemann** | Schlanstedt | Real-Gymn. Reifezeugn. | Zincke | 5./8. 02 | V. |
| W.-S. 02/03 | | | | | | | |
| 3277 | **Jakob** | **Litzendorff** | Mainz | Gymnasium Reifezeugn. | Zincke | 29./10. 02 | V. |
| 3292 | **Daniel** | **Brendel** | Berlin | Ober-Realschule Unter-Sek. | Zincke | 26./1. 03 | V. |
| 3293 | **Jakob** | **Ochs** | Mengsberg | Real-Gymn. Reifezeugn. | Zincke | 26./1. 03 | V. |
| 3294 | **Herrmann** | **Müller** | Höchst a. M. | Gymnasium Reifezeugn. | Zincke | 2./3. 03 | V. |

## Pharmazeut.-chem. Institut der Universität Marburg.

| Aufgedruckte No. der Zeugniskarte | Vorname | Zuname | Geburtsort | Vorbildung | Examinatoren | Datum der Ausfertigung | Art der Prüfung |
|---|---|---|---|---|---|---|---|
| S.-S. 02 | | | | | | | |
| 1824 | **Otto** | **Giese** | Charlottenburg | Apotheker Note II | E. Schmidt | 8./8. 02 | V. |
| 1825 | **Hermann** | **Weiss** | Plettenberg | Apotheker Note I | E. Schmidt | 8./8. 02 | V. |
| 1826 | **Paul** | **Schmidt** | Hannover | Gymnasium absolv. | E. Schmidt | 13./8. 02 | V. |
| 1827 | **Julius** | **Feldhaus** | Mühlheim a. d. Ruhr | Apotheker Note I | E. Schmidt | 13./8. 02 | V. |
| W.-S. 02/03 | | | | | | | |
| 1828 | **Oskar** | **Keller** | Stockach | Gymnasium absolv. | E. Schmidt | 24./11. 02 | V. |
| 1829 | **Louis** | **Frenkel** | Kassel | Gymnasium IIa | E. Schmidt | 19./12. 02 | V. |

## Pharmazeut.-chem. Institut der Universität Marburg. Fortsetzung.

| Aufgedruckte No. der Zeugniskarte | Vorname | Zuname | Geburtsort | Vorbildung | Examinatoren | Datum der Ausfertigung | Art der Prüfung |
|---|---|---|---|---|---|---|---|
| W.-S. 02/03 | | | | | | | |
| 1830 | Albert | Leukroth | Marburg | Apotheker Note I | E. Schmidt | 20./12. 02 | V. |
| 3721 | Felix | Reuthe | Dessau | Apotheker Note I | E. Schmidt | 2./3. 03 | V. |
| 3722 | Gustav | John | Erfurt | Apotheker Note II | E. Schmidt | 2./3. 03 | V. |
| 3723 | Wilhelm | Koenig | Ottweiler | Apotheker Note I | E. Schmidt | 6./3. 03 | V. |

## Chemisches Laboratorium des Staates in München.

| | | | | | | | |
|---|---|---|---|---|---|---|---|
| S.-S. 02 | | | | | | | |
| 3040 | Richard | Neuroth | Oberursel | Absolvent Hum. Gymn. | v. Baeyer | 24./4. 02 | V. |
| 3041 | Josef | Ibele | Dietenweiler | Absolvent Hum. Gymn. | v. Baeyer | 24./4. 02 | V. |
| 3042 | Fritz | Singer | Schwabach | Absolvent Real-Gymn. | v. Baeyer | 16./5. 02 | V. |
| 3043 | Heinrich | Kämmerer | Höchst a. M. | Absolvent Hum. Gymn. | v. Baeyer | 23./5. 02 | V. |
| 3044 | Karl | Lüdecke | Berlin | Absolvent Real-Gymn. | v. Baeyer | 13./6. 02 | V. |
| 3045 | Ludwig | Kalb | München | Absolvent Hum. Gymn. | v. Baeyer | 13./6. 02 | V. |
| 3046 | Eduard | Spröngertz | Artern | Absolvent Hum. Gymn. | v. Baeyer | 13./6. 02 | V. |
| 3047 | Rudolf | Müller | Flensburg | Absolvent Hum. Gymn. | v. Baeyer | 13./6. 02 | V. |
| 3049 | Julian | Zedner | Frankfurt a. M. | Absolvent Hum. Gymn. | v. Baeyer | 7./7. 02 | V. |
| 3050 | Georg | v. Landgraf | Bad Homburg | Absolvent Real-Gymn. | v. Baeyer | 14./7. 02 | V. |
| 3051 | Hermann | Vocke | Nürnberg | Apotheker | v. Baeyer | 15./7. 02 | V. |
| 3052 | Siegfried | Bloch | Offenbach | Absolvent Hum. Gymn. | v. Baeyer | 24./7. 02 | V. |
| 3053 | Bruno | Szelinski | München | Absolvent Hum. Gymn. | v. Baeyer | 24./7. 02 | V. |
| 3054 | Heinrich | Straus | Nürnberg | Absolvent Hum. Gymn. | v. Baeyer | 25./7. 02 | V. |
| 1195 | Reinhold | Grüter | Herbede | Absolvent Real-Gymn. | v. Baeyer | 24./7. 02 | V. |
| W.-S. 02/03 | | | | | | | |
| 3048 | Edward | Mason | Birmingham | Bachelor of Science | v. Baeyer | 23./10. 02 | V. |
| 3055 | Wilhelm | Ducca | Frankfurt a. M. | Absolvent Ober-Realschule. | v. Baeyer | 13./11. 02 | V. |

## Chemisches Laboratorium des Staates in München. Fortsetzung.

| Aufgedruckte No. der Zeugniskarte | Vorname | Zuname | Geburtsort | Vorbildung | Examinatoren | Datum der Ausfertigung | Art der Prüfung |
|---|---|---|---|---|---|---|---|
| W.-S. 02/03 | | | | | | | |
| 3056 | Wilhelm | Marx | Gaden | Unter-Sek. Hum. Gymn. | v. Baeyer | 14./11. 02 | V. |
| 3057 | Adolf | Pfannenstiel | Regenstauf | Absolvent Hum. Gymn. | v. Baeyer | 10./12. 02 | V. |
| 3058 | Alfons | v. Bentheim | Berlin | Absolvent Hum. Gymn. | v. Baeyer | 27./1. 03 | V. |
| 3059 | Hans | Stenzl | München | Absolvent Hum. Gymn. | v. Baeyer | 3./2. 03 | V. |
| 3060 | Rudolf | Pummerer | München | Absolvent Hum. Gymn. | v. Baeyer | 3./2. 03 | V. |
| 3061 | Klaus | Diehl | München | Absolvent Hum. Gymn. | v. Baeyer | 10./2. 03 | V. |
| 3062 | Oskar | Ecker | Wollendorf | Absolvent Real-Gymn. | v. Baeyer | 14./2. 03 | V. |
| 3063 | Josef | Schneider | Oestrich | Absolvent Real-Gymn. | v. Baeyer | 23./2. 03 | V. |
| 3064 | Otto | Thon | Kassel | Apotheker | v. Baeyer | 9./3. 03 | V. |

## Laboratorium für angewandte Chemie der Universität München.

| | | | | | | | |
|---|---|---|---|---|---|---|---|
| S.-S. 02 | | | | | | | |
| 2080 | Paul | Wolff | Barmen | Apotheker Note I | Hilger | 2./5. 02 | |
| 2091 | Ernst | Unger | Nordhausen | Apotheker Note I | Hilger | 20./7. 02 | |
| 2804 | Otto | Wittmann | München | Gymnasium absolv. | Hilger | 18./5. 02 | |
| 2805 | Franz | Metzger | Regensburg | Apotheker Note II | Hilger | 6./6. 02 | |
| W.-S. 02/03 | | | | | | | |
| 2810 | Karl | Ebenhusen | Stuttgart | Reifezeugn. Gymnasium | Hilger | 20./10. 02 | |
| 2086 | Erich | Scheidig | Fürth | Reifezeugn. Real-Gymn. | Hilger | 24./10. 02 | |
| 2806 | Eugen | Reuchlin | Ellwangen | Apotheker Note I | Hilger | 22./10. 02 | |
| 2094 | Hans | Beer | Roth a. Sand | Apotheker Note I | Hilger | 31./10. 02 | |
| 1637 | Wilhelm | Creelius | Frucht | Apotheker Note I | Hilger | 11./11. 02 | |
| 2082 | Wilhelm | Hass | München | Apotheker Note I | Hilger | 17./11. 02 | |
| 2095 | Jodocus | Fiehe | Rheine | Apotheker Note I | Hilger | 25./11. 02 | |

## Laboratorium für angewandte Chemie der Universität München.
Fortsetzung.

| Aufgedruckte No. der Zeugniskarte | Vorname | Zuname | Geburtsort | Vorbildung | Examinatoren | Datum der Ausfertigung | Art der Prüfung |
|---|---|---|---|---|---|---|---|
| W.-S. 02/03 | | | | | | | |
| 2100 | Hermann | Lewkowitz | Georgenberg | Apotheker Note I | Hilger | 10./3. 03 | |
| 2808 | Ernst | Simmering | Tilsit | Apotheker Note I | Hilger | 11./3. 03 | |

## Anorganisch-chem. Laboratorium der Technischen Hochschule München.

| | | | | | | | |
|---|---|---|---|---|---|---|---|
| S.-S. 02 | | | | | | | |
| 1883 | Wilhelm | Deibel | Hanau | Ober-Realschule | Muthmann | 29./4. 02 | |
| 1884 | Karl | Schnurmann | Karlsruhe | Real-Gymn. | Muthmann | 15./7. 02 | |
| 1885 | Ernst | Ichenhäuser | Fürth | Industrieschule Nürnberg | Muthmann | 20./7. 02 | |
| 1886 | Franz | Flena | Koburg | Real-Gymn. | Muthmann | 22./7. 02 | |
| W.-S. 02/03 | | | | | | | |
| 1887 | Otto | Desaga | Heidelberg | Real-Gymn. | Muthmann | 5./2. 03 | |

## Organisch-chem. Laboratorium der Technischen Hochschule München.

| | | | | | | | |
|---|---|---|---|---|---|---|---|
| S.-S. 02 | | | | | | | |
| 2314 | Eugen | Reintke | Schederberge | Prima Hum. Gymnasium | Schultz | 23./4. 03 | V. |

## Chemisches Institut der Universität Münster i. W.

| | | | | | | | |
|---|---|---|---|---|---|---|---|
| S.-S. 02 | | | | | | | |
| 3651 | Joseph | Nonhoff | Osterwick Kr. Koesfeld | Unter-Prima Gymnasium | Salkowski | 2./8. 02 | V. |
| W.-S. 02/03 | | | | | | | |
| 3652 | Wilhelm | Welsing | Münster | Ober-Sek. | Salkowski | 28./2. 03 | V. |
| 3653 | Karl | Reinhardt | Laer (Hann.) | Abiturient | Salkowski | 28./2. 03 | V. |
| 3654 | Peter | Koch | Arnsberg | Sekunda | Salkowski | 28./2. 03 | V. |
| 3655 | Heinrich | Meyering | Ibbenbüren | Sekunda | Salkowski | 28./2. 03 | V. |

# Chemisches Universitäts-Laboratorium Rostock.

| Aufgedruckte No der Zeugniskarte | Vorname | Zuname | Geburtsort | Vorbildung | Examinatoren | Datum der Ausfertigung | Art der Prüfung |
|---|---|---|---|---|---|---|---|
| S.-S. 02 | | | | | | | |
| 2650 | Robert | Sodemann | Prichten (Stralsund) | Apotheker Note II | Michaelis | 15./5. 02 | V. |
| 2783 | Oskar | Thiele | Hamburg | Real-Schule 6 Klassen | Engler Michaelis | 28./5. 02 | V. |
| 2804 | Eugen | Buchwald | Ratibor | Apotheker Note II | Hilger Michaelis | 2./6. 02 | V. |
| 2648 | Ferdinand | Seitz | Treffurt | Apotheker Note II | Michaelis | 6./7. 02 | V. |
| 2631 | Max | Hardech | Glatz | Ober-Sek. | Michaelis | 6./8. 02 | V. |
| W.-S. 02/03 | | | | | | | |
| 2640 | Eduard | Brust | Meppen | Apotheker Note I | Michaelis | 21./10. 02 | V. |
| 3701 | Alex | Drews | Goldberg | Gymnasium Ober-Sek. | Michaelis | 3./12. 02 | V. |
| 3702 | Enoch | Schmiedekampf | Rostock | Apotheker Note II | Michaelis | 4./12 02 | V. |
| 3703 | Richard | Leonhard | Warin | Real-Gymn. Prima Apotheker Note II | Michaelis | 15./12. 02 | V. |
| 3704 | Richard | Blume | Köln a. Rh. | Real-Gymn. Ober-Prima Apotheker Note II | Michaelis | 15./12. 02 | V. |
| 3705 | Ernst | Wahle | Ilmenau | Real-Gymn. Ober-Sek. Apotheker Note I | Michaelis | 15./12. 02 | V. |
| 3706 | Karl | Trenkner | Sandersleben | Gymnasium Ober-Sek. Apotheker Note I | Michaelis | 15./12. 02 | V. |
| 2085 | Benno | v. Ghiel | Hameln | Apotheker Note II Real-Gymn. | Hilger Michaelis | 21./1. 03 | V. |
| 3707 | Karl | Siecke | Buchholz | Apotheker Note II Real-Gymn. Ober-Sek. | Michaelis | 17./2. 03 | V. |
| 3708 | Ludwig | Krietemeyer | Essen | Apotheker Note II Gymnasium Ober-Sek. | Michaelis | 24./2. 03 | V. |

## Chemisches Laboratorium der Universität Strassburg.

| Aufgedruckte No. der Zeugniskarte | Vorname | Zuname | Geburtsort | Vorbildung | Examinatoren | Datum der Ausfertigung | Art der Prüfung |
|---|---|---|---|---|---|---|---|
| S.-S. 02 | | | | | | | |
| 3501 | Ernst | Kleinfeldt | Metz | Ober-Realschule Matur. | Rose Thiele | 5./5. 02 | V. |
| 3502 | Alfred | Ludwig | Potsdam | Hum. Gymn. Matur. | Rose Thiele | 13./5. 02 | V. |
| 1293 | Georg | Müller | Offenbach a. M. | Pharmaz. Examen Note I | Hantzsch Thiele | 31./5. 02 | V. |
| 3503 | Paul | Pudschies | Straßburg | Ober-Realschule Basel Matur. | Thiele | 16./6. 02 | V. |
| 3504 | Wilhelm | Rose | Köln | Real-Gymn. Matur. | Rose Thiele | 24./6. 02 | V. |
| W.-S. 02/03 | | | | | | | |
| 2299 | Hans | Bogel | Wien | Gymn. Matur. | Gattermann Thiele | 25./10. 02 | V. |
| 3505 | Ernst | Ludewig | Metz | Gymn. Matur. | Thiele | 19./2. 03 | V. |
| 3507 | Paul | Doehl | Spandau | Gymn. Matur. | Thiele | 8./12. 02 | V. |
| 3508 | Cecil | Brittlebank | Winster (England) | Real-Gymn. Matur. | Thiele | 16./12. 02 | V. |

## Laboratorium für allgemeine Chemie der Techn. Hochschule Stuttgart.

| | | | | | | | |
|---|---|---|---|---|---|---|---|
| S.-S. 02 | | | | | | | |
| 2562 | Ulrich | Hugo | Thiede b. Braunschw. | Gymnasium Unterprima | Hell | 21./4. 02 | V. |
| 2563 | Erich | Dulk | Berlin | Gymnasium Unterprima | Hell | 21./4. 02 | V. |
| 2564 | Wilhelm | Preuner | Stuttgart | Pharmaz. Staats-Prüf. | Hell | 21./4. 02 | V. |
| 2565 | Rudolf | Böhringer | Stuttgart | Pharmaz. Staats-Prüf. | Hell | 29./7. 02 | V. |
| 2566 | Karl | Burkard | Rottweil | Gymnasium Abiturient | Hell | 29./7. 02 | V. |
| 2567 | Karl | Köhler | Galatz (Rumänien) | Ober-Sek. Real-Schule | Hell | 29./7. 02 | V. |
| 2568 | Richard | Leopold | Stuttgart | Pharmaz. Staats-Prüf. | Hell | 29./7. 02 | V. |
| 2569 | Otto | Müller | Calw | Pharmaz. Staats-Prüf. | Hell | 29./7. 02 | V. |

## Chem.-technologisches Laboratorium der Techn. Hochschule Stuttgart.

| | | | | | | | |
|---|---|---|---|---|---|---|---|
| W.-S. 02/03 | | | | | | | |
| 2956 | Arnold | v. Przybylski | Parnowitz | * | C. Haeusermann | 4./3. 03 | V. |
| 2957 | Fritz | Roser | Stuttgart | * | C. Haeusermann | 10./3. 03 | V. |
| 2958 | Paul | Waindziok | Beuthen O./S | * | C. Haeusermann | 13./3. 03 | V. |

## Chemisches Laboratorium der Universität Tübingen.

| Aufgedruckte No. der Zeugniskarte | Vorname | Zuname | Geburtsort | Vorbildung | Examinatoren | Datum der Ausfertigung | Art der Prüfung |
|---|---|---|---|---|---|---|---|
| S.-S. 02 | | | | | | | |
| 2352 | Karl | Müller | Stuttgart | Abitur. Real-Gymnasium | Bülow i. V. | 26./4. 02 | V. |
| 2353 | August | Ganghofer | Augsburg | Pharmaz. Staatsexam. Note I | Bülow i. V. | 26./4. 02 | V. |
| 2355 | Ernst | Müller | Neuhaus a. R. | Oberprima hum. Gymn. | Bülow i. V. | 1./8. 02 | V. |
| W.-S. 02/03 | | | | | | | |
| 2356 | Walter | Engel | Berlin | Obersekunda hum. Gymn. | W. Wislicenus | 1./11. 02 | V. |
| 2357 | Adolf | Koch | Tübingen | Pharmaz. Staatsexam. Note I | W. Wislicenus | 13./12. 02 | V. |
| 2358 | Arnold | Thompson | Rawdon bei Leeds | Bradford Technical School Royal college of science | W. Wislicenus | 31./1. 03 | V. |
| 2348 | Werner | Weiss-wange | Tharandt | Abitur. hum. Gymnasium | W. Wislicenus | 11./2. 03 | V. |
| 2359 | Henry | Wren | London | Wyggeston School Leister Christ Church Oxford | W. Wislicenus | 4./3. 03 | V. |

## Chemisches Laboratorium der Universität Würzburg.

| Aufgedruckte No. der Zeugniskarte | Vorname | Zuname | Geburtsort | Vorbildung | Examinatoren | Datum der Ausfertigung | Art der Prüfung |
|---|---|---|---|---|---|---|---|
| S.-S. 02 | | | | | | | |
| 1294 | Georg | Meyer | Erlach (Unterfr.) | Absolvent hum. Gymn. | Hantzsch | 2./6. 02 | V. |
| 2459 | Stanislaus | Pilat | Lemberg | Absolvent hum. Gymn. | Stavenhagen Hantzsch | 18./6. 02 | V. |
| 1295 | Richard | Weil | Schweinfurt | Absolvent Ober-Realschule | Hantzsch | 4./7. 02 | V. |
| 1296 | Karl | Hildebrand | Halle a. S. | Gymnasium bis inklus. Unterprima | Hantzsch | 16./7. 02 | V. |
| 2661 | Heinrich | Bublitz | Fechenheim b. Frankfurt a. M. | Absolvent Ober-Realschule | Seubert Hantzsch | 22./7. 02 | V. |
| W.-S. 02/03 | | | | | | | |
| 1297 | Walter H. | Glover | London | City a. Guilds of London Institut | Hantzsch | 5./11. 02 | V. |
| 2191 | Arthur | Günther | Leipzig | Reife für Prima | L. Claisen Hantzsch | 5./11. 02 | V. |

## Chemisches Laboratorium der Universität Würzburg.
Fortsetzung.

| Aufgedruckte No. der Zeugniskarte | Vorname | Zuname | Geburtsort | Vorbildung | Examinatoren | Datum der Ausfertigung | Art der Prüfung |
|---|---|---|---|---|---|---|---|
| W.-S. 02/03 | | | | | | | |
| 1298 | Tom. S. | Moore | London | East London Technical College | Hantzsch | 7./11. 02 | V. |
| 1299 | Otto Karl | Runge | Nürnberg | Industrieschule Nürnberg | Hantzsch | 10./11. 02 | V. |
| 1300 | Samuel J. M. | Auld | Kilmarnock (Schottland) | East London Technical College | Hantzsch | 12./11. 02 | V. |
| 3310 | Gustav | Friedrichs | Frankf. a. M. | Absolvent hum. Gymn. | Joh. Wislicenus Hantzsch | 29./1. 03 | V. |
| 2971 | John V. | Eyre | London | City a. Guilds of London Institut | Hantzsch | 11./2. 03 | V. |
| 2972 | Georg | Kränzlein | Wassertrüdingen (Bayern) | Industrieschule Nürnberg | Hantzsch | 12./2. 03 | V. |

## Technolog. Institut der Universität Würzburg.

| | | | | | | | |
|---|---|---|---|---|---|---|---|
| S.-S. 02 | | | | | | | |
| 3451 | Oskar | Berling | Rüdenhausen | Apotheker | Medicus | 3./5. 02 | |
| 3452 | Viktor | Rabs | Oberaudorf | Apotheker | Medicus | 23./7. 02 | |
| 3453 | Max | Schneller | Christiansfeld a. Bober | Gymnasium | Medicus | 23./7. 02 | |

# F.

# Register der Ergänzungszeugnisse

zu den Zeugnissen

## des Verbandes der Vorstände chem. Laboratorien an deutschen Hochschulen

### für Sommer-Semester 1902 und Winter-Semester 1902/3.

### Elektrochemisches Laboratorium der Königl. Technischen Hochschule zu Berlin-Charlottenburg.

| Nummer des Zeugnisses | Vorname | Zuname | Geburtsort | Datum der Ausfertigung | Examinatoren | Prüfungs-Gegenstand |
|---|---|---|---|---|---|---|
| S.-S. 02 1742 | Karl | Janson | Mårsäter (Schweden) | 17./7. 02 | v. Knorre | Elektrochemie |
| **Landw. technol. Institut der Kgl. Universität Breslau.** | | | | | | |
| S.-S. 02 3163 | Stanislaus | Labendzinski | Posen | 6./8. 02 | Ahrens | Chem. Technologie |
| **Physik.-Chem. Laboratorium der Universität Giessen.** | | | | | | |
| S.-S. 02 1763 | Eduard | Stohr | Gießen | 2./5. 02 | Elbs | Elektrochemie |
| 2555 | Hugo | Schlemmer | Heddernheim | 5./6. 02 | Elbs | Elektrochemie |
| 439 | Leo | Fechter | Marienbad i. B. | 30./6. 02 | Elbs | Elektrochemie |
| 1761 | Dr. Otto | Zohlen | Krefeld | 14./7. 02 | Elbs | Elektrochemie |
| 396 | Rudolf | Weyprecht | Micnelstadt | 15./7. 02 | Elbs | Elektrochemie |
| W.-S. 02/03 2558 | Willy | Keiper | Wiesbaden | 10./12. 02 | Elbs | Elektrochemie |
| 1157 | Michael | Frank | Frankfurt a. M. | 12./12. 02 | Elbs | Elektrochemie |

## Institut für physikalische Chemie in Göttingen.

| Nummer des Zeugnisses | Vorname | Zuname | Geburtsort | Datum der Ausfertigung | Examinatoren | Prüfungs-Gegenstand |
|---|---|---|---|---|---|---|
| S.-S. 02<br>1 | Max | Levin | Göttingen | 29./5. 02 | Nernst | Physik.-chem. Methoden |

## Universitäts-Laboratorium in Heidelberg.

| Nummer des Zeugnisses | Vorname | Zuname | Geburtsort | Datum der Ausfertigung | Examinatoren | Prüfungs-Gegenstand |
|---|---|---|---|---|---|---|
| S.-S. 02<br>669 | Emil | Lambotte | Ehrenfeld bei Köln | 28./5. 02 | Knoevenagel | Chem. Technologie |
| 1173 | Ignaz | Weinmayr | Landshut | 7./6. 02 | Bredig | Physik. Chemie |
| 1193 | John W. | Brown | Rys New Hampshire U. S. A. | 7./7. 02 | Bredig | Physik. Chemie |
| 1192 | James | Walton | Deere Isle MaineU.S.A. | 7./7. 02 | Bredig | Physik. Chemie |
| 1129 | Dr. Adolph | Riedel | Freudenthal (Schlesien) | 26./7. 02 | Bredig | Physik. Chemie |
| 1129 | Dr. Adolph | Riedel | Freudenthal (Schlesien) | 26./7. 02 | Bredig | Elektro-chemie |
| W.-S. 02/03<br>1161 | Max | Fortner | Freising | 8./11. 02 | Bredig | Physikal. Chemie |
| 3314 | Ernst | Stern | Camen (Westfalen) | 18./11. 02 | Bredig | Physikal. Chemie |
| 3241 | Otto | Gumlich | Nichtewitz | 17./1. 03 | Bredig | Physikal. Chemie |

## Physikalisch-Chemisches Institut der Universität Leipzig.

| Nummer des Zeugnisses | Vorname | Zuname | Geburtsort | Datum der Ausfertigung | Examinatoren | Prüfungs-Gegenstand |
|---|---|---|---|---|---|---|
| S.-S. 02<br>2013 | Georg | Jaffé | Moskau | 3./5. 02 | Prof. Ostwald | Physikalische Chemie |
| 2942 | Ejnar | Hertz-sprung | Kopenhagen | 12./6. 02 | Prof. Ostwald | Physikalische Chemie |
| W.-S. 02/03<br>2893 | Ernst | Fickendey | Uthmöden | 31./10. 02 | Prof. Ostwald | Physikalische Chemie |

## Chemisches Institut Marburg.

| Nummer des Zeugnisses | Vorname | Zuname | Geburtsort | Datum der Ausfertigung | Examinatoren | Prüfungs-Gegenstand |
|---|---|---|---|---|---|---|
| S.-S. 02<br>1867 | Wilhelm | Geibel | Berlin | 25./4. 02 | Prof. A. Meyer | Botanik |
| W.-S. 02/03<br>1083 | Hans | Wagner | Landsthul | 19./12. 02 | Zincke Schenck | Technische Chemie |
| 1087 | Karl | Siebert | Treysa | 19./12. 02 | Zincke Schenck | Technische Chemie |

## Mineralogisches Institut der Universität München.

| Nummer des Zeugnisses | Vorname | Zuname | Geburtsort | Datum der Ausfertigung | Examinatoren | Prüfungs-Gegenstand |
|---|---|---|---|---|---|---|
| S.-S. 02 | | | | | | |
| 1674 | **Oskar** | **Giese** | Slup, W.-Pr. | 15./4. 02 | P. Groth | Mineralogie |
| 2062 | **Walter** | **Petri** | Cassel | 26./4. 02 | P. Groth | Mineralogie, Krystallogr. |
| 2089 | **Kaspar** | **Reiter** | München | 28./4. 02 | P. Groth | Mineralogie |
| 1717 | **Richard** | **Feyerabend** | Hamburg | 18./7. 02 | P. Groth | Mineralogie |
| 3038 | **Gustav** | **Haas** | Kandel | 22./7. 02 | P. Groth | Mineralogie, Krystallogr. |
| 1714 | **Alfred** | **Mengel** | Turowo | 25./7. 02 | P. Groth | Mineralogie |
| 3028 | **Friedrich** | **Hoechtlen** | Dinkelsbühl | 25./7. 02 | P. Groth | Mineralogie |
| 2802 | **Richard** | **Hallensleben** | Harsleben | 25./7. 02 | P. Groth | Mineralogie |
| 1713 | **Hugo** | **Hurt** | Zweibrücken | 25/7. 02 | P. Groth | Mineralogie |
| 2069 | **Constantin** | **Griebel** | Coburg | 25./7. 02 | P. Groth | Mineralogie |
| 2071 | **Michael** | **Becker** | M.-Gladbach | 25./7. 02 | P. Groth | Mineralogie |
| 2061 | **Kurt** | **Feige** | Eisleben | 25./7. 02 | P. Groth | Mineralogie |
| 2064 | **Werner** | **Stille** | Himmorth | 25./7. 02 | P. Groth | Mineralogie |
| 1718 | **Otto** | **Heine** | Celle | 25/7. 02 | P. Groth | Mineralogie |
| 2081 | **Karl** | **Sänger** | München | 25./7. 02 | P. Groth | Mineralogie |
| W.-S. 02/03 | | | | | | |
| 1697 | **Arthur** | **Mothwurf** | Dürckheim | 14./10. 02 | P. Groth | Mineralogie, Krystallogr. |
| 19 | **Max** | **Rüdiger** | Forst (Lausitz) | 29./10. 02 | P. Groth | Mineralogie, Krystallogr. |
| 2069 | **Konstantin** | **Griebel** | Coburg | 7./3. 03 | P. Groth | Phys. u. chem. Krystallogr. |
| 1713 | **Hugo** | **Hurt** | Zweibrücken | 7./3. 03 | P. Groth | Phys. u. chem. Krystallogr. |
| 1947 | **Egon** | **Böhm** | Wien | 11./3. 03 | P. Groth | Phys. u. chem. Krystallogr. |
| 3028 | **Friedrich** | **Hoechtlen** | Dinkelsbühl | 11./3. 03 | P. Groth | Phys. u. chem. Krystallogr. |
| 2802 | **Richard** | **Hallensleben** | Harsleben | 11./3. 03 | P. Groth | Phys. u. chem. Krystallogr. |
| 2189 | **Hans** | **Veragut** | Chur (Schw,) | 11./3. 03 | P. Groth | Phys. u. chem. Krystallogr. |
| 1992 | **Wolfgang** | **v. Schmädel** | München | 11./3. 03 | P. Groth | Phys. u. chem. Krystallogr. |

## G.

# Übersichtstabelle über die Anzahl der ausgestellten Verbandszeugnisse.

| Ort | Institut | Zahl der ausgestellten Zeugnisse: im Sommer 1902 U.*) | im Sommer 1902 T.*) | im Winter 1902/03 U.*) | im Winter 1902/03 T.*) |
|---|---|---|---|---|---|
| Aachen | Chemisches Laboratorium T. | — | 3 | — | — |
| Berlin | I. Chemisches Institut U. | 16 | — | 20 | — |
| Berlin | II. Chemisches Institut U. | 11 | — | 6 | — |
| Berlin | Anorganisches Laboratorium T. | — | 6 | — | 18 |
| Berlin | Organisches Laboratorium T. | — | 6 | — | 6 |
| Berlin | Technisch-chemisches Laboratorium T. | — | 3 | — | 6 |
| Berlin | Chemisches Laboratorium der Landwirtschaftlichen Hochschule | — | 1 | | 1 |
| Bonn | Chemisches Institut U. | 8 | — | 13 | — |
| Braunschweig | Laboratorium für analytische und technische Chemie T. | — | 3 | — | 3 |
| Braunschweig | Pharmazeutisch-chemisches Laboratorium T. | — | 5 | — | 3 |
| Breslau | Chemisches Laboratorium U. | 15 | — | 9 | — |
| Breslau | Landwirtschaftlich-technologisches Institut U. | 2 | — | — | — |
| Darmstadt | Chemisches Institut T. | — | 3 | — | 6 |
| Darmstadt | Chemisch-technisches und elektrochemisches Institut T. | — | 6 | — | — |
| Dresden | Chemische Laboratorien T. | — | 14 | — | 6 |
| Erlangen | Chemisches Laboratorium U. | 4 | — | 12 | — |
| Erlangen | Pharmazeutisch-chemisches Institut U. | 3 | — | 4 | — |
| Freiburg | Chemisches Laboratorium (med. Abt.) U. | 4 | — | 5 | — |
| Freiburg | Chemisches Laboratorium (philos. Abt.) U. | 6 | — | 12 | — |
| Gießen | Chemisches Laboratorium U. | 1 | — | 1 | — |
| Göttingen | Universitäts-Laboratorium U. | 9 | — | 6 | — |
| Göttingen | Agrikultur-chemisches Laboratorium U.[1]) | 2 | — | 1 | — |
| Greifswald | Chemisches Institut U. | 5 | — | 2 | — |
| Halle | Chemisches Institut U. | 5 | — | 6 | — |
| Hannover | Laboratorium für anorganische Chemie T. | — | 3 | — | 1 |
| Heidelberg | Universitäts-Laboratorium U. | 22 | — | 8 | — |
| Heidelberg | Laboratorium des Prof. F. Krafft U. | 11 | — | 6 | — |
| Jena | Universitäts-Laboratorium U. | 1 | — | 5 | — |

| | | | | | |
|---|---|---|---|---|---|
| Karlsruhe | Chemisches Laboratorium T.[2]) | — | 3 | — | 4 |
| Kiel | Universitäts-Laboratorium U. | 6 | — | 6 | — |
| Königsberg | Chemisches Laboratorium U. | 4 | — | 9 | — |
| Königsberg | Pharmazeutisch-chemisches Laboratorium U. | 4 | — | — | — |
| Königsberg | Agrikultur-chemisches Laboratorium U. | 1 | — | — | — |
| Leipzig | I. Chemisches Institut U. | 7 | — | 18 | — |
| Leipzig | Physikalisch-chemisches Institut U. | 5 | — | 5 | — |
| Leipzig | Laboratorium für angewandte Chemie U. | 7 | — | 3 | — |
| Leipzig | Chemisches Laboratorium des physiologischen Instituts U. | 1 | — | 3 | — |
| Marburg | Chemisches Institut U. | 10 | — | 4 | — |
| Marburg | Pharmazeutisch-chemisches Institut U. | 4 | — | 6 | — |
| München | Chemisches Laboratorium des Staates U. | 15 | — | 11 | — |
| München | Laboratorium für angewandte Chemie U. | 4 | — | 9 | — |
| München | Anorganisch-chemisches Laboratorium T. | — | 4 | — | 1 |
| Munchen | Organisch-chemisches Laboratorium T. | — | 1 | — | — |
| Münster | Chemisches Institut U. | 1 | — | 4 | — |
| Rostock | Chemisches Institut U. | 5 | — | 10 | — |
| Straßburg | Chemisches Laboratorium U. | 5 | — | 4 | — |
| Stuttgart | Laboratorium für allgemeine Chemie T. | — | — | — | 8 |
| Stuttgart | Chemisch-technologisches Institut T. | — | 6 | — | 5 |
| Würzburg | Chemisches Laboratorium U. | 5 | — | 8 | — |
| Würzburg | Technologisches Institut U. | 3 | — | — | — |
| | insgesamt | 212 | 67 | 216 | 68 |

Es sind ausgestellt worden:

| | | | | |
|---|---|---|---|---|
| bis Winter-Semester 1900/01 | 1280[3]) Verbandszeugnisse, | | | |
| im „ „ 1900/01 | 290 „ | hiervon 234 an 19 Universitäten | und 55 an 8 Technischen Hochschulen, | |
| „ Sommer- „ 1901 | 257 „ | „ 189 „ 20 „ | „ 67 „ 9 „ „ | |
| „ Winter- „ 1901/02 | 309 „ | „ 233 „ 18 „ | „ 71 „ 10 „ „ | |
| „ Sommer- „ 1902 | 279 „ | „ 212 „ 20 „ | „ 67 „ 9 „ „ | |
| „ Winter- „ 1902/03 | 284 „ | „ 216 „ 20 „ | „ 68 „ 9 „ „ | |
| bisher insgesamt ausgestellt | 2699 Verbandszeugnisse. | | | |

*) U. bedeutet Universität, T. Technische Hochschule.

[1]) Ein Zeugnis ist noch für das Winter-Semester 1901/02 nachzutragen. Dasselbe ist in die Zusammenstellung am Schlusse dieser Seite mit aufgenommen.

[2]) Es sind ferner noch nachzutragen: Ein Zeugnis für Winter-Semester 1900/01, eins für Sommer-Semester 1901 und vier für Winter-Semester 1901/02.

[3]) Nach dem 4. Bericht ergibt sich statt dieser Zahl 1296. In die obige Zusammenstellung ist die kleinere Zahl aufgenommen worden, weil 16 Zeugnisse — nach den bisherigen Ermittelungen — versehentlich zweimal in den Listen aufgeführt worden sind. Obwohl die falschen Eintragungen nur zum kleineren Teile die Zeugnisse, deren Ausstellung bis zum Winter-Semester 1900/01 angezeigt worden ist, betreffen, ist dennoch diese Zahl der Einfachheit halber korrigiert worden. Die Nummern der einzelnen Zeugnisse sind auf Seite 82 dieses Berichtes aufgeführt.

## H.

# Liste der Doktordissertationen

des

## Verbandes der Laboratoriumsvorstände an deutschen Hochschulen

**für Sommer-Semester 1902 und Winter-Semester 1902/03.**

## Universität Berlin.

| Laufende Nr. | Name des Promovierten | Titel der Dissertation | Bezeichnung des Laboratoriums, in welchem die Arbeit ausgeführt worden ist | Name des Dozenten, welcher die Arbeit geleitet hat | Ort der Promotion |
|---|---|---|---|---|---|
| 1 | **Hermann Barschall** | Synthese des Pentantrions | I. chemisches Institut | Dr. F. Sachs | Berlin |
| 2 | **Alfred Byk** | Zur Kenntnis einiger Pyrimidinderivate | I. chemisches Institut | Prof. Dr. S. Gabriel | Berlin |
| 3 | **Maurus Weiss** | Zur Kenntnis des Hydantoïns und seiner Derivate | I. chemisches Institut | Prof. Dr. C. Harries | Berlin |
| 4 | **Wilhelm Aue** | Über die Einwirkung von Nitrobenzol auf Anilin bei Gegenwart von Alkali | I. chemisches Institut | Prof. Dr. A. Wohl | Berlin |
| 5 | **Arthur Stähler** | Zur Kenntnis des Carvons, Eucarvons und ihrer Autoxydationsprodukte. Beiträge zur Konstitutionsbestimmung der Santonsäure bezw. des Santonins | I. chemisches Institut | Prof. Dr. C. Harries | Berlin |
| 6 | **Arthur Franz** | Über eine Chlorgalactonsäure | I. chemisches Institut | Prof. Dr. O. Ruft | Berlin |
| 7 | **Max Goldmann** | Über einige $\alpha$-Cyanbenzyl-Aniline und $\mu$-Cyanazomethine | I. chemisches Institut | Dr. F. Sachs | Berlin |
| 8 | **Hugo Kohn** | Beitrag zum Abbau von Zuckern durch Oxydation (Über Methyltetrose und l-Threose) | I. chemisches Institut | Prof. Dr. O. Ruff | Berlin |
| 9 | **Martin Blix** | Über das Borimid $B_2(NH)_3$ und seine Stellung unter den verwandten anorganischen Verbindungen | I. chemisches Institut | Dr. A. Stock | Berlin |
| 10 | **Kurt Schaefer** | Über das $\gamma$ Amidobutylaldehydacetal und seine Derivate | I. chemisches Institut | Prof. Dr. A. Wohl | Berlin |
| 11 | **Max Darwin Slimmer** | Über asymmetrische Synthese | I. chemisches Institut | Prof. Dr. E. Fischer | Berlin |

| | | | | | |
|---|---|---|---|---|---|
| 12 | Heinrich Tietz | Über eine neue Reaktion der $\alpha$-$\beta$-ungesättigten Ketoxime | I. chemisches Institut | Prof. Dr. C. Harries | Berlin |
| 13 | Otto Staehlin | Über die Umwandlung des 2-Amino-Fluorens in das entsprechende Chinolin und dessen Eigenschaften | I. chemisches Institut | Dr. R. Pschorr | Berlin |
| 14 | Friedrich Hermann Leuchs | Synthesen von Oxyaminosäuren | I. chemisches Institut | Prof. Dr. E. Fischer | Berlin |
| 15 | Alfred Röhmer | Zur Kenntnis des Triketopentans und seiner Derivate, Synthese des Phenylmethyltriketons | I. chemisches Institut | Dr. F. Sachs | Berlin |
| 16 | Wilhelm Antoni | Über die beiden Dihydrobenzole und einige ihrer Homologen. Ein Beitrag zur Kenntnis zweifach ungesättigter Kohlenwasserstoffe | I. chemisches Institut | Prof. Dr. C. Harries | Berlin |
| 17 | Fritz Brüggemann | Über die chromogenen Eigenschaften des p-Nitrobenzylcyanids | I. chemisches Institut | Dr. R. Pschorr | Berlin |
| 18 | Wilhelm Theodor Dörpinghaus | Hydrolyse des Horns. Ein Beitrag zur Kenntnis der Proteïde | I. chemisches Institut | Prof. Dr. E. Fischer | Berlin |
| 19 | Erich Kuhtz | Über die Einwirkung von Phosphorpentachlorid auf Methylmorphimethin | I. chemisches Institut | Dr. R. Pschorr | Berlin |
| 20 | Leibe Sack | Einige neue Derivate des Glycocolls | I. chemisches Institut | Prof. Dr. E. Fischer | Berlin |
| 21 | Otto Stillich | Über die Einwirkung von Formaldehyd auf p-Nitranilin in saurer Lösung | I. chemisches Institut | Dr. J. Meyer | Berlin |
| 22 | Walter Doht | Über den Antimonwasserstoff | I. chemisches Institut | Dr. A. Stock | Berlin |
| 23 | Ernst Büttner | Einige Umsetzungen des 2, 4, 6-Trichlorpyrimidins | I. chemisches Institut | Prof. Dr. S. Gabriel | Berlin |
| 24 | Erich Baum | Brenzschleimsäurechlorid als Acylierungsmittel verglichen mit Benzoylchlorid. Synthese der Pyromykursäure | I. chemisches Institut | Prof. Dr. C. Harries | Berlin |
| 25 | Emil Schill | Über das 2 Aminofluoren und dessen Überführung in 2 isomere Diaminfluorene | I. chemisches Institut | Dr. O. Diels | Berlin |
| 26 | Leo Weber | Über Amidinderivate zweibasischer Säuren | I. chemisches Institut | Prof. Dr. W. Traube | Berlin |
| 27 | Hans Jost | Über ein polymeres Diacetyl und dessen Überführung in Dimethylcyclohexanon | I. chemisches Institut | Dr. O. Diels | Berlin |
| 28 | Isidor Schroeter | Synthese des 9 Aminophenanthrens. Darstellung des 9 Amino-10 Oxyphenanthrens und 9, 10-Diaminophenanthrens | I. chemisches Institut | Dr. R. Pschorr | Berlin |

## Universität Berlin. Fortsetzung.

| Laufende Nr. | Name des Promovierten | Titel der Dissertation | Bezeichnung des Laboratoriums, in welchem die Arbeit ausgeführt worden ist | Name des Dozenten, welcher die Arbeit geleitet hat | Ort der Promotion |
|---|---|---|---|---|---|
| 29 | **Petre Becherescu** | Über das (1,3) Diphenylpyrazoldion (4,5) und seine Derivate | I. chemisches Institut | Dr. F. Sachs | Berlin |
| 30 | **Max Braumann** | Über die Einwirkung von Dicyan auf Acetessigester und Acetylaceton | I. chemisches Institut | Prof. Dr. W. Traube | Berlin |
| 31 | **Max Herzberg** | Über $\beta$ Dipropionacetal-imin | I. chemisches Institut | Prof. Dr. A. Wohl | Berlin |
| 32 | **Willy Kraft** | Über die Kondensation aromatischer Nitrosoverbindungen mit Methylenderivaten und Resorcin | I. chemisches Institut | Dr. F. Sachs | Berlin |
| 33 | **Hermann Tüllner** | Verwandlung der Isoharnsäure in Harnsäure und Thioxanthin | I. chemisches Institut | Prof. Dr. E. Fischer | Berlin |
| 34 | **Willibald Everding** | Über den 2,4 Dinitrobenzaldehyd und den 2,4,6 Trinitrobenzaldehyd | I. chemisches Institut | Dr. F. Sachs | Berlin |
| 35 | **Ernst Koenigs** | Über einige Amide von Aminosäuren | I. chemisches Institut | Prof. Dr. E. Fischer | Berlin |
| 36 | **Franz Andreas Meyer** | Zur Kenntnis des 3 Methyl-4,5 diamino-2,6-dioxy-pyrimidins | I. chemisches Institut | Prof. Dr. W. Traube | Berlin |
| 37 | **Robert Peter** | Zur Kenntnis des 1,3 Dimethyl-4 imino-2,6-dioxypyrimidins | I. chemisches Institut | Prof. Dr. W. Traube | Berlin |
| 38 | **Arthur Ulrich** | Zur Kenntnis des Oxyisocarbostyrils | I. chemisches Institut | Prof. Dr. S. Gabriel | Berlin |
| 39 | **Hans G. Müller** | Über die Kondensation von Benzaldehyd mit Aethylmethylketon ($\alpha$ Benzalbutanon und $\gamma$ Benzalbutanon und ihre Derivate) | I. chemisches Institut | Prof. Dr. C. Harries | Berlin |
| 40 | **Ludwig Herrmann** | Eine Synthese des 2-Phenylhypoxanthins | I. chemisches Institut | Prof. Dr. W. Traube | Berlin |
| 1 | **Alfred Eisenstein** | Beitrag zum Studium über den Einfluß des Lösungsmittels auf die Wanderungsgeschwindigkeit der Ionen | II. chemisches Institut der Universität Berlin | Prof Jahn | Berlin |
| 2 | **Maurice Hugbrechts** | Über die Wanderungsgeschwindigkeit der Ionen der Elektrolyte Schwefelsäure und Magnesiumsulfat in verdünnten wässerigen Lösungen | II. chemisches Institut der Universität Berlin | Prof. Jahn | Berlin |

| | | | | | |
|---|---|---|---|---|---|
| 3 | **Julius Gewecke** | Über die Zersetzung des Quecksilberchlorurs durch Kalium-, Natrium- und Ammoniumchloridlösungen | II. chemisches Institut der Universität Berlin | Prof. Jahn | Berlin |
| 4 | **Kurt Rudzick** | Über die α-Hydrazino-β-Nikotinsäure und ihre Derivate | II. chemisches Institut der Universität Berlin | Prof. Marckwald | Berlin |
| 1 | **Kurt Bertels** | Über Nitroso-m-phenylen-diamin und seine Derivate | Technologisches Laboratorium Universität Berlin | E. Täuber | Berlin |

## Technische Hochschule zu Berlin.

| | | | | | |
|---|---|---|---|---|---|
| 1 | **Alfred Glawe** | Über Dihalogenindone | Organ. Laboratorium der Techn. Hochschule zu Berlin | C. Liebermann | Berlin Technische Hochschule |
| 2 | **Oskar Boeters** (Contreadmiral z. D.) | Über Reaktionen der Dichlorthymochinone | Organ. Laboratorium der Techn. Hochschule zu Berlin | C. Liebermann | Berlin Technische Hochschule |
| 3 | **Emil Collet** | Über Anilidoaldehyde | Organ. Laboratorium der Techn. Hochschule zu Berlin | H. Simonis | Berlin Technische Hochschule |
| 4 | **Wilhelm Stadler** | Über Bromnaphtochinondiketohydrinden | Organ. Laboratorium der Techn. Hochschule zu Berlin | C. Liebermann | Berlin Universität |
| 5 | **Oswald Brück** | Über Konstitution und Derivate der Dibromphtalsäure | Organ. Laboratorium der Techn. Hochschule zu Berlin | C. Liebermann | Berlin Technische Hochschule |
| 6 | **Naftali Osorowitz** | Über Dioxyfluoresceïne halogenierter und hydroxylierter Phtalsäuren | Organ. Laboratorium der Techn. Hochschule zu Berlin | C. Liebermann | Berlin Technische Hochschule |
| 1 | **Per Stang** | Beiträge zur Chemie des Antimons | Elektrochemisches Laboratorium der Techn. Hochschule zu Berlin | v. Knorre | Berlin Universität |
| 2 | **Max Salinger** | Zur Kenntnis der Manganite | Elektrochemisches Laboratorium der Techn. Hochschule zu Berlin | v. Knorre | Berlin Universität |
| 3 | **Hugo Jakob** | Beiträge zur Elektrolyse der Thiosulfate | Elektrochemisches Laboratorium der Techn. Hochschule zu Berlin | v. Knorre | Berlin Universität |
| 4 | **Johann Terwelp** | Beiträge zur Elektrochemie der Molybdate | Elektrochemisches Laboratorium der Techn. Hochschule zu Berlin | v. Knorre | Berlin Universität |

## Landwirtschaftliche Hochschule Berlin.

| Laufende Nr. | Name des Promovierten | Titel der Dissertation | Bezeichnung des Laboratoriums, in welchem die Arbeit ausgeführt worden ist | Name des Dozenten, welcher die Arbeit geleitet hat | Ort der Promotion |
|---|---|---|---|---|---|
| 1 | **Stephan Hediger** | Synthese der Benznorcarancarbonsäure | Chem. Laborat. der landwirtsch. Hochschule in Berlin | Buchner | Zürich Universität |
| 2 | **Leon Feldmann** | Diazoessigester und Toluol | Chem. Laborat. der landwirtsch. Hochschule in Berlin | Buchner | Berlin Universität |

## Universität Bonn.

| Laufende Nr. | Name des Promovierten | Titel der Dissertation | Bezeichnung des Laboratoriums, in welchem die Arbeit ausgeführt worden ist | Name des Dozenten, welcher die Arbeit geleitet hat | Ort der Promotion |
|---|---|---|---|---|---|
| 1 | **Remigius Fresenius** aus Wiesbaden | Über Abkömmlinge der Acetylsalizylsäure | Chemisches Institut der Universität Bonn | R. Anschütz | Bonn |
| 2 | Dr. med. **Karl Kirnberger** aus Mainz | Über die Anlagerung von Blausäure an β-Phenyliminearbonsäureester | Chemisches Institut der Universität Bonn | G. Schroeter | Bonn |
| 3 | **Karl Hahn** aus Stommeln | Über die Estersäuren und die Anilsäuren der Phenylbernsteinsäure | Chemisches Institut der Universität Bonn | R. Anschütz | Bonn |
| 4 | **Hubert Rössler** aus Rüngsdorf | Über einige neue Peri-Naphtalinderivate | Chemisches Institut der Universität Bonn | G. Schroeter | Bonn |
| 5 | **Georg Rauff** aus Berlin | Über die Aufspaltung des p-Tertiärbutylphenols und des p-Tertiäramylphenols und über das 2,6-Dinitro-p-tertiäramylphenols und seine Umwandlungsprodukte | Chemisches Institut der Universität Bonn | R. Anschütz | Bonn |
| 6 | **Karl Runkel** aus Rengsdorf bei Neuwied | Über Kernsynthesen mit Hülfe von α-Oxy-β-naphtoësäurechlorid | Chemisches Institut der Universität Bonn | R. Anschütz | Bonn |
| 7 | **Philipp Schneider** aus Bilburg (Rheinland) | Über die Einwirkung anorganischer Verbindungen auf das Drehungsvermögen der Chinasäure | Chemisches Institut der Universität Bonn | E. Rimbach | Bonn |
| 8 | **Hans Meerwein** aus Hamburg | Über nitrierte β-Phenylglutarsäuren und deren Reduktionsprodukte | Chemisches Institut der Universität Bonn | G. Schroeter | Bonn |
| 9 | **A. Greiffenberg** aus Millendorf (Kreis Bergheim) | Über Reaktionen der Antranilsäure und Acylanthranilsäuren | Chemisches Institut der Universität Bonn | R. Anschütz | Bonn |

## Technische Hochschule Braunschweig.

| | | | | | |
|---|---|---|---|---|---|
| 1 | **Paul Jaeger** | Über die Kondensation von Isobernsteinsäureester mit aromatischen Diaminen | Laboratorium für analyt. u. techn. Chemie | Richard Meyer | Braunschweig |
| 2 | **Franz Kunschert** | Über komplexe Silbersalze | Laboratorium für physikal. und Elektrochemie | G. Bodländer | Braunschweig |
| 3 | **Czaslaw v. Wolf** | Über Reinigung von Zuckersäften durch Elektrizität | Laboratorium für Zucker-, Gärungs- und Stärkeindustrie | O. Reinke | Braunschweig |
| 4 | **Paul Jaeger** | Studien über Ringkondensationen | Laboratorium für analyt. u. techn Chemie | Richard Meyer | Braunschweig |
| 5 | **Wilhelm Eberlein** | Über komplexe Silbersalze II | Laboratorium für physikal. Chemie und Elektrochemie | G. Bodländer | Braunschweig |
| 1 | **Franz Hurdelbrink** | Beiträge zur Kenntnis der Arryl-thiohydantoïne | Pharm.-chem. Laboratorium der techn. Hochschule | Prof. Dr. Beckurts u. Dr. Georg Frerichs | Basel |
| 2 | **Heinrich Frerichs** | Über die Einwirkung von Selencyankalium auf Verbindungen der Chloressigsäure | Pharm.-chem. Laboratorium der techn Hochschule | Prof. Dr. Beckurts | Basel |
| 3 | **Wilhelm Meine** | Beiträge zur Kenntnis aromatischer Disulfinsäuren | Pharm.-chem. Laboratorium der techn. Hochschule | Prof. Dr. Beckurts u. Prof. Dr. Tröger | Basel |

## Universität Breslau.

| | | | | | |
|---|---|---|---|---|---|
| 1 | **Waldemar Fischer** | Über die Lösung von Chromhydroxyd in Basên | Universitätslaboratorium | Herz | Breslau |
| 2 | **Hans Wolf** | Beitrag zur Kenntnis der Leitfähigkeit gemischter Elektrolyte | Universitätslaboratorium | Abegg | Breslau |
| 3 | **Oswald Bialon** | Über die Einwirkung von Anisaldehyd auf Chinaldin, α Picolin und Aldehydcollidin | Universitätslaboratorium | Ladenburg | Breslau |
| 4 | **Georg Schwabbauer** | Einwirkung von Methyl- und Aethylamin auf Furfurol und Cuminol | Universitätslaboratorium | Ladenburg | Breslau |
| 5 | **Fritz Jander** | Über komplexe Merkurisalze | Universitätslaboratorium | Abegg | Breslau |
| 6 | **Reinhard Sorge** | Über die Kondensation aromatischer Ketone | Universitätslaboratorium | Ladenburg | Breslau |
| 7 | **Reinhold Knick** | Über die Kondensation von p-Nitrobenzaldehyd mit α-Picolin und α-γ-Lutidin | Universitätslaboratorium | Ladenburg | Breslau |
| 8 | **Wladimir von Kowalewski** | Über wässrige Zinnchloridlösungen | Universitätslaboratorium | Abegg | Breslau |
| 9 | **Charles Fox** | Einwirkung von Schwefeldioxyd auf Salze | Universitätslaboratorium | Abegg | Breslau |

## Universität Breslau. Fortsetzung.

| Laufende Nr. | Name des Promovierten | Titel der Dissertation | Bezeichnung des Laboratoriums, in welchem die Arbeit ausgeführt worden ist | Name des Dozenten, welcher die Arbeit geleitet hat | Ort der Promotion |
|---|---|---|---|---|---|
| 10 | **Felix v. Grabski** | Einwirkung von Cuminol und Paratoluylaldehyd auf Chinaldin | Universitätslaboratorium | Ladenburg | Breslau |
| 11 | **v. Ostoja-Balicki** | Über Kondensationen aromatischer Amine und über Pipecolylhydrazin | Polytechnikum München und Universitätslaborator. Breslau | Eibner u. Ladenburg | Breslau |
| 12 | **Lipinski** | Über n-Octylverbindungen | Landwirtschaftlich-technologisch. Institut u. Universitätslaborat. | Ahrens u. Ladenburg | Breslau |
| 13 | **W. Dierig** | Über die Einwirkung von p-Toluylaldehyd auf α-Picolin und α-Methyl α'-Phenylpyridin | Chemisches Universitätslaborat. | Ladenburg | Breslau |
| 14 | **Berthold Wuth** | Über die Löslichkeit von Chlor- und Bromsilber in organischen Aminbasen. | Chemisches Universitätslaborat. | Ladenburg | Breslau |
| 15 | **Karl Renz** | Über Indium- und Thalliumverbindungen | Chemisches Universitätslaborat. | Ladenburg | Breslau |
| 16 | **Otto Ollendorf** | Über die Einwirkung einiger Aldehyde auf α-Phenyl-α-Methylpyridin | Chemisches Universitätslaborat. | Ladenburg | Breslau |
| 17 | **Gustav Halfpaap** | Über die Verbindung von meta Xylylenbromid mit primären, sekundären und tertiären Basen | Chemisches Universitätslaborat. | Scholtz | Breslau |
| 18 | **Karl Löw** | Über die Kondensation von Chinaldin und Lepidin mit Aldehyden | Chemisches Universitätslaborat. | Ladenburg | Breslau |
| 19 | **George Rudorf** | Zur Kenntnis der Leitfähigkeit und inneren Reibung von Lösungen | Chemisches Universitätslaborat. | Abegg | Breslau |

## Technische Hochschule Dresden.

| | | | | | |
|---|---|---|---|---|---|
| 1 | **Willy Schumacher** | Über Abkömmlinge des Diacetonitrils und Benzoacetodinitrils | Organ.-chem. Laboratorium zu Dresden | E. v. Meyer | Dresden |
| 2 | **Ernst Meyer** | Zur Kenntnis der Thiotolyltoluidine | Organ.-chem. Laboratorium zu Dresden | E. v. Meyer | Dresden |
| 3 | **Alfred Rossleben** | Zur Kenntnis des Verhaltens von Phenyl-i-Cyanat zu Stickstoffverbindungen | Organ.-chem. Laboratorium zu Dresden | E. v. Meyer | Dresden |

| | | | | | |
|---|---|---|---|---|---|
| 4 | **Richard Zimmermann** | Benzocyanaldoxim und Abkömmlinge | Organ.-chem. Laboratorium zu Dresden | E. v. Meyer | Dresden |
| 5 | **Carlos Thode** | Zur Kenntnis des o-Amidobenzhydrazids und einiger Harnstoffderivate | Organ.-chem. Laboratorium zu Dresden | E. v. Meyer | Dresden |
| 6 | **Albert Sommer**[1]) | Einwirkung von Aminen auf Derivate des Trinitro-p-toluidins | Organ.-chem. Laboratorium zu Dresden | E. v. Meyer | Dresden |
| 7 | **Leon Hirschberg** | Kondensation von p-Chlorbenzylcyanid und Säureestern mittels Natriumäthylat | Organ.-chem. Laboratorium zu Dresden | E. v. Meyer und R. v. Walther | Rostock |
| 8 | **Hans Weissbach** | Über Phenylhydrazoncyanessigester und seine Homologen, sowie Benzolazocyanessigester | Organ.-chem. Laboratorium zu Dresden | E. v. Meyer | Leipzig |
| 9 | **Karl Gyr** | Einwirkung von Jod auf Alkalien und Elektrolyse von Jodkalium | Elektrochemisches Laboratorium zu Dresden | Fr. Foerster | Zürich |

## Universität Erlangen (Chemisches Laboratorium).

| | | | | | |
|---|---|---|---|---|---|
| 1 | **Erhard Hans Kanter** | Über Erdalkalisilikate | Chem. Laboratorium der Universität Erlangen | Dr. Jordis | Erlangen |
| 2 | **Anton von Korczinski** | Studien über Isatin | Chem. Laboratorium der Universität Krakau | Dr. Marchlewski | Erlangen |
| 3 | **Johannes Adolf Rose** | Beiträge zur Kenntnis der Borsäure | Pharmazeut. Institut der Universität Bonn | Dr. Partheil | Erlangen |
| 4 | **Wilhelm Bauer** | Über die Entschwefelung von aryldithiocarbaminsauren Ammoniaksalzen | Chem. Laboratorium der Universität Erlangen | Dr. Heller | Erlangen |
| 5 | **Otto Rhodius** | Über die Einwirkung von salpetriger Säure auf Resorcinmonomethyläther | Chem. Laboratorium der Universität Erlangen | Dr. Henrich | Erlangen |
| 6 | **Fritz Schierenberg** | Über den α-Nitrosoresorcinmonoaethylaether | Chem. Laboratorium der Universität Erlangen | Dr. Henrich | Erlangen |
| 7 | **Wilhelm Meyer** | Über die Konstitution der beiden isomeren Mononitroorcine | Chem. Laboratorium der Universität Erlangen | Dr. Henrich | Erlangen |
| 8 | **Sebastian Schneider** | Zur Kenntnis der Isodithiobiazolone | Chem. Laboratorium der Universität Erlangen | Dr. Busch | Erlangen |
| 9 | **Wilhelm Reichenburg** | Einwirkung von Diazobenzol auf Glutakonsäureester | Chem. Laboratorium der Universität Erlangen | Dr. Henrich | Erlangen |

[1]) Obige No. 1—6 Dr. ing., No. 7 und 8 Dr. phil.

## Universität Erlangen (Chemisches Laboratorium). Fortsetzung.

| Laufende Nr. | Name des Promovierten | Titel der Dissertation | Bezeichnung des Laboratoriums, in welchem die Arbeit ausgeführt worden ist | Name des Dozenten, welcher die Arbeit geleitet hat | Ort der Promotion |
|---|---|---|---|---|---|
| 11 | **Benno Wagner** | Über einige Derivate des Amidoresorcins | Chem. Laboratorium der Universität Erlangen | Dr. Henrich | Erlangen |
| 10 | **Hans Walther** | Über die isomeren Thiosemicarbazide | Chem. Laboratorium der Universität Erlangen | Dr. Busch | Erlangen |
| 12 | **Christian Buck** | Zur Kenntnis der Alkaloide der Steppenraute (Peganum Harmala) | Chem. Laboratorium der Universität Erlangen | Dr. O. Fischer | Erlangen |
| 13 | **Ferdinand Flury** | Beiträge zur Kenntnis des Tellurs | Chem. Laboratorium der Universität Erlangen | Dr. Gutbier | Erlangen |
| 14 | **Walter Hess** | | Chem. Laboratorium der Universität Erlangen | Dr. O. Fischer | Erlangen |
| 15 | **Georg Schmidt** | Beiträge zur Kenntnis des Pararosanilins | Chem. Laboratorium der Universität Erlangen | Dr. O. Fischer | Erlangen |
| 16 | **Richard Emrich** | Über die Einwirkung von Dichloressigsäure auf Anilin | Chem. Laboratorium der Universität Erlangen | Dr. Heller | Erlangen |
| 17 | **Hermann Krapf** | Über stereoisomere Hydrazone der Dithiokohlensäureester | Chem. Laboratorium der Universität Erlangen | Dr. Busch | Erlangen |
| 18 | **Robert Frey** | Über eine intramolekulare Umlagerung bei Semicarbaziden | Chem. Laboratorium der Universität Erlangen | Dr. Busch | Erlangen |
| 19 | **Wilhelm Kopp** | Über die Imidazole und über Oxydationsprodukte von Orthodiaminen | Chem. Laboratorium der Universität Erlangen | Dr. O. Fischer | Erlangen |
| 1 | **Max Hubaleck** | Die Einwirkung von Amidosulfonsäure auf Pseudocumidin und Piperidin | Pharm.-chem. Institut Erlangen | C. Paal | Erlangen |
| 2 | **Wilhelm Gareis** | Über einige Derivate des Acetals | Pharm.-chem. Institut Erlangen | C. Paal | Erlangen |
| 3 | **Otto Goerte** | I. Über das Vorkommen von Cholin und Betaïn in Coffein und Theobromin enthaltenden Pflanzenteilen<br>II. Über das Vorkommen von Cholin in einigen eßbaren Pilzen | Universitäts - Laboratorium Göttingen | Polstorff | Erlangen |

| | | | | | |
|---|---|---|---|---|---|
| 4 | **Ernst Moeller** | I. Über Derivate der o-Nitrobenzyl-o-aminozimmtsäure<br>II. Über Umlagerungsprodukte der o-p-Azobenzoldicarbonsäure | Pharm.-chem. Institut Erlangen | C. Paal | Erlangen |
| 5 | **Willy Fuchs** | Beitrag zur Kenntnis der Glutinpeptone | Pharm.-chem. Institut Erlangen | C. Paal | Erlangen |
| 6 | **Emil Dencks** | Zur Kenntnis der $\gamma$-Diketone | Pharm.-chem. Institut Erlangen | C. Paal | Erlangen |

## Universität Freiburg i. B.

| | | | | | |
|---|---|---|---|---|---|
| 1 | **Johannes Paul Rudolph** | Über die Einwirkung aromatischer Aminbasen auf aliphatische Disulfochloride | Universitäts-Laborator. Freiburg (medizin. Abteil.) | Autenrieth | Freiburg i. B. |
| 2 | **Heinrich Naegell** | Über Meta- und Para-Saccharin | Universitäts-Laborator. Freiburg (medizin. Abteil.) | Kiliani | Freiburg i. B. |
| 3 | **Konrad van Emster** | Über Matico-Öl | Universitäts-Laborator. Freiburg (medizin. Abteil.) | Fromm | Freiburg i. B. |
| 4 | **Julius Koburger** | Die Einwirkung von Aethylendisulfochlorid auf aromatische Aminbasen | Universitäts-Laborator. Freiburg (medizin. Abteil.) | Autenrieth | Freiburg i. B. |
| 5 | **Erhard Schwantes** | Über Ringsysteme mit mehreren Azinringen | Universitäts-Laborator. Freiburg (medizin. Abteil.) | Hinsberg | Freiburg i. B. |
| 6 | **Oskar Acherl** | Über schwefelhaltige Derivate des Benzyls und deren Zersetzungsprodukte bei der trockenen Destillation | Universitäts-Laborator. Freiburg (medizin. Abteil.) | Fromm | Freiburg i. B. |
| 7 | **Otto Mayer** | Über die Einwirkung von Kalkhydrat auf Rhamnose | Universitäts-Laborator. Freiburg (medizin. Abteil.) | Kiliani | Freiburg i. B. |
| 8 | **Julius Schweissinger** | Über die Digitogensäure und ihre Abbauprodukte | Universitäts-Laborator. Freiburg (medizin. Abteil.) | Kiliani | Freiburg i. B. |
| 1 | **Otto Hübner** | Zur Kenntnis der aromatischen Aldehyde | Universitäts-Laborator. Freiburg (philosoph. Abteil.) | Gattermann | Freiburg i. B. |
| 2 | **John Bernard Ekeley** | Über die Einwirkung von Halogenschwefel auf p-Toluchinolin | Universitäts-Laborator. Freiburg (philosoph. Abteil.) | Edinger | Freiburg i. B. |
| 3 | **Max Zimmer** | Über Metalltitrationen mittels Chromsäure | Universitäts-Laborator. Freiburg (philosoph. Abteil.) | Rupp | Freiburg i. B. |
| 4 | **Hugo Spiess** | Jodometrie des Goldes und Platins | Universitäts-Laborator. Freiburg (philosoph. Abteil.) | Rupp | Freiburg i. B. |
| 5 | **Walter Krostewitz** | Uber p-Aethylchinaldin | Universitäts-Laborat r. Freiburg (philosoph. Abteil.) | Willgerodt | Freiburg i. B. |

## Universität Freiburg i. B. Fortsetzung.

| Laufende Nr. | Name des Promovierten | Titel der Dissertation | Bezeichnung des Laboratoriums, in welchem die Arbeit ausgeführt worden ist | Name des Dozenten, welcher die Arbeit geleitet hat | Ort der Promotion |
|---|---|---|---|---|---|
| 6 | **Otto Biach** | Zur Kenntnis der Synthese aromatischer Aldehyde mit Hülfe von Blausäure | Universitäts-Laborator. Freiburg (philosoph. Abteil.) | Gattermann | Freiburg i. B. |
| 7 | **Karl Stolle** | Zur Kenntnis der Derivate des Acridins und Anthrachinons | Universitäts-Laborator. Freiburg (philosoph. Abteil.) | Gattermann | Freiburg i. B. |
| 8 | **Albert Finck** | Die Jodometrie des Phosphors und seiner Säuren | Universitäts-Laborator. Freiburg (philosoph. Abteil.) | Rupp | Freiburg i. B. |
| 9 | **Paul Frischmuth** | Über die Abkömmlinge des v-m-Dibromjodbenzols und o-Jod-p-Methylchinolins mit mehrwertigem Jod | Universitäts-Laborator. Freiburg (philosoph. Abteil.) | Willgerodt | Freiburg i B. |
| 10 | **Christian Bruhn** | Über die Zersetzungsgeschwindigkeit der Brombernsteinsäure in wässeriger Lösung bei verschiedenen Temperaturen | Universitäts-Laborator. Freiburg (philosoph. Abteil.) | W. Müller | Freiburg i. B. |
| 11 | **Paul Kauffmann** | Umwandlung und Löslichkeit von Mischkristallen aus Ammoniumnitrat und Kaliumnitrat | Universitäts-Laborator. Freiburg (philosoph. Abteil.) | W. Müller | Freiburg i. B. |
| 12 | **Albert Schiedt** | Die Jodometrie von Ferrocyaniden, Rhodaniden und Xanthogenaten | Universitäts-Laborator. Freiburg (philosoph. Abteil.) | Rupp | Freiburg i. B. |
| 13 | **Heinrich Garbs** | Über Kondensationsprodukte von Dinitrochlorbenzol mit Amidochinolinen | Universitäts-Laborator. Freiburg (philosoph. Abteil.) | Meigen | Freiburg i. B. |
| 14 | **Franz Will** | Zur Kenntnis der Jodiniumverbindungen | Universitäts-Laborator. Freiburg (philosoph. Abteil.) | Willgerodt | Freiburg i. B. |
| 15 | **Eugen Werner** | Beiträge zur Kenntnis des kohlensauren Kalkes | Universitäts-Laborator. Freiburg (philosoph. Abteil.) | Meigen | Freiburg i. B. |
| 16 | **Hans Sachs** | Zur Kenntnis der Derivate des Anthrachinons | Universitäts-Laborator. Freiburg (philosoph. Abteil.) | Gattermann | Freiburg i. B. |
| 17 | **Karl Dürkes** | Über die Titration von Schwefelsäure mit Benzidinchlorhydrat | Universitäts-Laborator. Freiburg (philosoph. Abteil.) | W. Müller | Freiburg i. B. |
| 18 | **Paul Lewino** | Zur Kenntnis der Derivate des 2.3′-Dimethyl-4′-Jodazobenzols und des m-Bromjodbenzols mit mehrwertigem Jod | Universitäts-Laborator. Freiburg (philosoph. Abteil.) | Willgerodt | Freiburg i. B. |

## Universität Giessen.

| | | | | | |
|---|---|---|---|---|---|
| 1 | **J. Forssell** | Über das Verhalten des Bleis als Anode in Natriumhydroxydlösungen und die Elektrolyse bleioxydhaltiger Natriumhydroxydlösungen | Physikalisch-chemisches Universitäts-Laboratorium Gießen | Elbs | Gießen |
| 2 | **O. Zohlen** | Über die Einwirkung von Dimethylsulfat auf Michlersches Keton und Auramin | Physikalisch-chemisches Universitäts-Laboratorium Gießen | Elbs | Gießen |
| 3 | **R. Weyprecht** | Elektrochemische Reduktion aromatischer Di- und Trinitrokörper | Physikalisch-chemisches Universitäts-Laboratorium Gießen | Elbs | Gießen |
| 4 | **H. Schudt** | Über die elektrochemische Reduktion einiger Nitrophenoläther | Physikalisch-chemisches Universitäts-Laboratorium Gießen | Elbs | Gießen |
| 5 | **R. Heuerling** | Über einige Halogenoxyazobenzole | Physikalisch-chemisches Universitäts-Laboratorium Gießen | Elbs | Gießen |
| 6 | **K. Becker** | Elektrochemische Darstellung Hydroschwefligsaurer Salze | Physikalisch-chemisches Universitäts-Laboratorium Gießen | Elbs | Gießen |
| 7 | **W. Kirsch** | Über m-Azophenol | Physikalisch-chemisches Universitäts-Laboratorium Gießen | Elbs | Gießen |
| 8 | **A. Schüller** | Über den Einfluß von Silicium und Kohlenstoff auf den Schwefel im Eisen | Eisenhüttenmännisches Laborat. der Techn. Hochschule Aachen | Prof. Dr. F. Wüst | Gießen |
| 9 | **Ed. Stohr** | Untersuchung einiger Abweichungen vom Haberschen Reduktionsschema für aromatische Mononitrokörper | Physikalisch-chemisches Universitäts-Laboratorium Gießen | Elbs | Gießen |

## Universität Göttingen (Universitätslaboratorium).

| | | | | | |
|---|---|---|---|---|---|
| 1 | **H. van Beeck Vollenhoven** | Zur Kenntnis des Suberons | Universitäts - Laboratorium Göttingen | Wallach | Göttingen |
| 2 | **Ernst Krüger** | Synthese und Verhalten der Tolyldimethylessigsäure | Universitäts - Laboratorium Göttingen | Wallach | Göttingen |
| 3 | **Joh. Rechenberg** | Über Kondensationsprodukte aus Amylennitrosat und Acetessigester | Universitäts - Laboratorium Göttingen | Wallach | Göttingen |
| 4 | **M. F. Bengen** | Über Verbindungen der Thujonreihe | Universitäts - Laboratorium Göttingen | Wallach | Göttingen |
| 5 | **Hans Bötticher** | Neue Synthese aromatischer und hydroaromatischer Verbindungen | Universitäts - Laboratorium Göttingen | Wallach | Göttingen |

## Universität Göttingen (Universitätslaboratorium). Fortsetzung.

| Laufende Nr. | Name des Promovierten | Titel der Dissertation | Bezeichnung des Laboratoriums, in welchem die Arbeit ausgeführt worden ist | Name des Dozenten, welcher die Arbeit geleitet hat | Ort der Promotion |
|---|---|---|---|---|---|
| 6 | **Arthur Scheunert** | Über ein neues Phoron und Bihydrophoron | Universitäts-Laboratorium Göttingen | Wallach | Göttingen |
| 7 | **Otto Rahn** | Über ein neues Terpineol | Universitäts-Laboratorium Göttingen | Wallach | Göttingen |
| 8 | **Friedr. Jäger** | Über die Reduktion der Isoxime | Universitäts-Laboratorium Göttingen | Wallach | Göttingen |
| 9 | **Gerhard Stalmann** | Zur Kenntnis tricarbocyclischer Verbindungen | Universitäts-Laboratorium Göttingen | Kötz | Göttingen |
| 10 | **Otto Wilhelms** | Über Peroxydbildung beim Eisen und Chrom | Universitäts-Laboratorium Göttingen | Manchot | Göttingen |
| 11 | **Paul Krische** | Über Thiopinakone und ihre Umwandlung in Kohlenwasserstoffe | Universitäts-Laboratorium Göttingen | Manchot | Göttingen |
| 1 | **Peder Farup** aus Larvik (Norwegen) | Elektrolyse von Kaliumsilbercyanid und ihre Anwendung zu voltametr. Messungen | Institut für physik. Chemie der Universität Göttingen | Nernst | Göttingen |
| 2 | **Ernst Amelung** aus Karlshafen | Über anodische Polarisation von Bleielektroden und Methode zur Bestimmung der Potentialdifferenz Metall-Elektrolyt | Institut für physik. Chemie der Universität Göttingen | Nernst | Göttingen |
| 3 | **Karl Bornemann** aus Verden | Beiträge zur Kenntnis des Wasserstoffsuperoxydes | Institut für physik Chemie der Universität Göttingen | Nernst u. Coehn | Göttingen |
| 4 | **Henry Reynolds** aus Manchester | Leitfähigkeit fester Mischungen bei hohen Temperaturen | Institut für physik. Chemie der Universität Göttingen | Nernst | Göttingen |
| 5 | **Leopold Gräfenberg** aus Göttingen | Potential des Ozons | Institut für physik. Chemie der Universität Göttingen | Nernst | Göttingen |
| 6 | **Ferdinand Glaser** aus Coburg | Reduktion von Metalloxyden | Institut für physik. Chemie der Universität Göttingen | Nernst | Göttingen |
| 7 | **Richard Lucas** aus Jacksonville U. S. A. | Über Feuerschwindung | Institut für physik. Chemie der Universität Göttingen | Nernst | Göttingen |
| 1 | **Ch. A. Browne jr.** | Über die Bestandteile des Maismarks und des Hollundermarks und das gleichzeitige Vorkommen von Araban und Xylan in den Pflanzen | Agrikult.-chem. Laboratorium der Universität Göttingen | B. Tollens | Göttingen |

| | | | | | |
|---|---|---|---|---|---|
| 2 | I. Sack | Untersuchungen einiger Pflanzenstoffe (Bresk, Roucheria-Rinde und Fliederbeeren) auf darin enthaltene Bestandteile | Agrikult.-chem. Laboratorium der Universität Göttingen | B. Tollens | Göttingen |
| 3 | A. I. Gibson | Über einige isomere Acetylderivate der monosubstituierten aromatischen Thioharnstoffe und die Bildung von Guanidinen aus denselben | Agrikult.-chem. Laboratorium der Universität Göttingen | Dr. A. Hugershoft | Göttingen |
| 4 | R. Hauers | Uber die Hydrolyse pentosanhaltiger Stoffe mit verdünnten Säuren | Agrikult.-chem. Laboratorium der Universität Göttingen | B. Tollens | Göttingen |
| 5 | C. M. van Marle | Über die Bildung mehrwertiger Alkohole mit Hülfe von Formaldehyd | Agrikult.-chem. Laboratorium der Universität Göttingen | B. Tollens | Göttingen |

## Universität Greifswald.

| | | | | | |
|---|---|---|---|---|---|
| 1 | Harry Ulrich | Über molekulare Umlagerungen acetylierter Phenole | Greifswald, Chemisches Institut | K. Auwers | Greifswald |
| 2 | Ernst Lühder | Über den Einfluß von Kernsubstituenten auf die Reaktionsfähigkeit aromatischer Aldehyde und Ketone | Greifswald, Chemisches Institut | Th. Posner | Greifswald |
| 3 | Karl Müller | Über Bildung von Kondensationsprodukten aus Pseudophenolen und organischen Basen und deren Verhalten bei der Acetylierung | Greifswald, Chemisches Institut | K. Auwers | Greifswald |
| 4 | Walter Schoeller | Zur Konstitution des Campherphorons | Greifswald, Chemisches Institut | F. W. Semmler | Greifswald |
| 5 | Robert Hazard | Über gemischte Disulfone | Greifswald, Chemisches Institut | Th. Posner | Greifswald |
| 6 | Friedrich Winternitz | Beiträge zur Kenntnis der Phenole | Greifswald, Chemisches Institut | K. Auwers | Greifswald |

## Universität Halle a. S.

| | | | | | |
|---|---|---|---|---|---|
| 1 | Kurt Ihle | Bestimmung von Formaldehyd und Acetaldehyd mit Dimethylhydroresorcin | Chemisches Institut der Universität Halle a. S. | Vorländer | Halle a. S. |
| 2 | Gustav Reinicke | Einfluß des Carbonyls auf benachbarte Gruppen | Chemisches Institut der Universität Halle a. S. | Vorländer | Halle a. S. |
| 3 | Hans Volkholz | Bestimmung von Aldehyden mit Dimethylhydroresorcin | Chemisches Institut der Universität Halle a. S. | Vorländer | Halle a. S. |
| 4 | Wilhelm Neelmeier | Verseifung der Ester mehrbasischer Säuren | Chemisches Institut der Universität Halle a. S. | Vorländer | Halle a. S. |

## Universität Halle a. S. Fortsetzung.

| Laufende Nr. | Name des Promovierten | Titel der Dissertation | Bezeichnung des Laboratoriums, in welchem die Arbeit ausgeführt worden ist | Name des Dozenten, welcher die Arbeit geleitet hat | Ort der Promotion |
|---|---|---|---|---|---|
| 5 | **Franz Köthner** | Anlagerung von Malonester an Pulegon | Chemisches Institut der Universität Halle a. S. | Vorländer | Halle a. S. |
| 6 | **Max Popp** | Bildung von Indoxylderivaten aus Phenylglycin-o-carbonsäure | Chemisches Institut der Universität Halle a. S. | Vorländer | Halle a. S. |
| 7 | **Paul Groebel** | Addition von Natriummalonester an ungesättigte Verbindungen | Chemisches Institut der Universität Halle a. S. | Vorländer | Halle a. S. |
| 8 | **Georg Blau** | Oxydation von Ammoniakderivaten mit Permangansäure | Chemisches Institut der Universität Halle a. S. | Vorländer | Halle a. S. |
| 9 | **Hermann Staudinger** | Anlagerung von Malonester an ungesättigte Verbindungen | Chemisches Institut der Universität Halle a. S. | Vorländer | Halle a. S. |
| 10 | **Georg Koitsch** | Einwirkung von aromatischen Aldehyden auf Methylchinoline | Chemisches Institut der Universität Halle a. S. | Doebner | Halle a. S. |
| 11 | **Karl Dost** | Oxydationsprodukte der Thioharnstoffe | Laboratorium des Dr. Kühn, Berlin | Kühn | Halle a. S. |

## Technische Hochschule Hannover.

| Laufende Nr. | Name des Promovierten | Titel der Dissertation | Bezeichnung des Laboratoriums, in welchem die Arbeit ausgeführt worden ist | Name des Dozenten, welcher die Arbeit geleitet hat | Ort der Promotion |
|---|---|---|---|---|---|
| 1 | **Richard Thurm** | Über die Konstitution der δ-Methylharnsäure sowie der Alkylderivate des Methyluracils und des Nitrouracils | Organisch-chemisches Laborator. der Techn. Hochschule Hannover | Behrend | Hannover |
| 2 | **Ludwig Fricke** | Die Oxydation des Trimethyluracils | Organisch-chemisches Laborator. der Techn. Hochschule Hannover | Behrend | Hannover |

## Universität Heidelberg.

| Laufende Nr. | Name des Promovierten | Titel der Dissertation | Bezeichnung des Laboratoriums, in welchem die Arbeit ausgeführt worden ist | Name des Dozenten, welcher die Arbeit geleitet hat | Ort der Promotion |
|---|---|---|---|---|---|
| 1 | **Johannes Schilling** | Beiträge zur Chemie des Thoriums | Universitäts-Laboratorium | Jannasch | Heidelberg |
| 2 | **Max Amos** | Über Diamidolutidin und Dioxylutidin | Universitäts-Laboratorium | Mohr | Heidelberg |
| 3 | **Max Mündler** | Über Aminolyse | Universitäts-Laboratorium | Goldschmidt | Heidelberg |
| 4 | **Hans Keller** | Dynamische Untersuchungen über die Bildung von Azofarbstoffen | Universitäts-Laboratorium | Goldschmidt | Heidelberg |
| 5 | **Richard Noethlichs** | Über Kondensationen von Oxymethylenkampher mit Acetessigester | Universitäts-Laboratorium | Knoevenagel | Heidelberg |

| | | | | | |
|---|---|---|---|---|---|
| 6 | **Julius Heimann** | Beiträge zur Kenntnis der Ortho- und Metaphosphorsäure | Privat-Laboratorium | Krafft | Heidelberg |
| 7 | **Karl Woltze** | Über äthyliertes m-Kresol | Universitäts-Laboratorium | Jannasch | Heidelberg |
| 8 | **Alfred Benrath** | Über die Umsetzung von Metallverbindungen des Dibenzoylhydrazins mit Jod und halogenhaltigen Substanzen | Universitäts-Laboratorium | Stollé | Heidelberg |
| 9 | **Arthur Baermann** | Beiträge zur Kenntnis der aromatischen Aldehyde | Universitäts-Laboratorium | Gattermann | Heidelberg |
| 10 | **H. Siehling** | Die Reaktionsgeschwindigkeit bei der elektrolytischen Reduktion | Universitäts-Laboratorium | Goldschmidt | Heidelberg |
| 11 | **David Aufhäuser** | Über die Hydrazide der beiden Oxypropionsäuren | Universitäts-Laboratorium | Curtius | Heidelberg |
| 12 | **Erich Ebler** | Über die Anwendbarkeit der Hydroxylamin- und Hydrazinsalze in der qualitativen Analyse. (Ein neuer Trennungsgang in der Schwefelwasserstoffgruppe) | Universitäts-Laboratorium | Knoevenagel | Heidelberg |
| 13 | **Willy Fuchs** | Über die direkte Anlagerung von getrocknetem Brom an Kohlenhydrate | Privat-Laboratorium | Krafft | Heidelberg |
| 14 | **Julius Fuchs** | Über Wasserstoffabspaltung aus Dihydrolutidindikarbonsäureester durch Erhitzen bei Gegenwart von Palladiummohr, sowie eine Umlagerung desselben Esters mittels konzentrierter Salzsäure | Universitäts-Laboratorium | Knoevenagel | Heidelberg |
| 15 | **Siegbert Mottek** | Beiträge zur Kenntnis der kondensierenden Wirkung organischer Amine | Universitäts-Laboratorium | Knoevenagel | Heidelberg |
| 16 | **Eduard Herzog** | Beiträge zur Kenntnis der hochmolekularen ungesättigten Fettsäuren. | Privat-Laboratorium | Krafft | Heidelberg |
| 17 | **Bernhard van der Laan** | Über die Hydrazide und Azide von Alkylglycolsäuren | Universitäts-Laboratorium | Curtius | Heidelberg |
| 18 | **Friedrich Tetzner** | Über die Salzsäure-Additionsprodukte der Alkyliden-Desoxybenzoine | Universitäts-Laboratorium | Klages | Heidelberg |
| 19 | **Joachim Stern** | Beiträge zur Kenntnis einiger Diketone | Privat-Laboratorium | Krafft | Heidelberg |
| 20 | **Friedrich Otte** | Zur Kenntnis ungesättigter Phenoläther | Universitäts-Laboratorium | Klages | Heidelberg |
| 21 | **Jos. Aloys Schmitz** | Über das Hydrazid der Trimesinsäure und der Hemimellithsäure | Universitäts-Laboratorium | Curtius | Heidelberg |

## Universität Heidelberg. Fortsetzung.

| Laufende Nr. | Name des Promovierten | Titel der Dissertation | Bezeichnung des Laboratoriums, in welchem die Arbeit ausgeführt worden ist | Name des Dozenten, welcher die Arbeit geleitet hat | Ort der Promotion |
|---|---|---|---|---|---|
| 22 | **Otto Strumpf** | Nitrile und Amide von Pyridindicarbonsäuren | Universitäts-Laboratorium | Mohr | Heidelberg |
| 23 | **Fritz Mayer** | Über das Metaxylobenzylhydrazin | Universitäts-Laboratorium | Curtius | Heidelberg |
| 24 | **Walter Bohe** | Die Reduktion von Oximen auf elektrolytischem Wege und die Homologen des Benzylamins | Universitäts-Laboratorium | Goldschmidt | Heidelberg |
| 25 | **Leo Kraft** | Studien in der Pyrazol- und Pyridinreihe | Universitäts-Laboratorium | Mohr | Heidelberg |
| 26 | **Erich Alfons Lange** | Über die Additionsfähigkeit des Dimethyl-1-3-cyclohexenon-5 | Universitäts-Laboratorium | Knoevenagel | Heidelberg |
| 27 | **Gustav Münch** | Über Diäthylresorcin und seine Derivate | Universitäts-Laboratorium | Jannasch | Heidelberg |
| 28 | **Wilhelm Bettges** | Quantitative Bestimmungen und Trennungen durch Hydrazinsalze | Universitäts-Laboratorium | Jannasch | Heidelberg |
| 29 | **Fritz Hanfland** | Dynamische Untersuchungen über Einführung einer Alkylgruppe. | Universitäts-Laboratorium | Goldschmidt | Heidelberg |
| 30 | **Alfred Tomasczewski** | Über Spaltungen des Benzoins unter dem Einfluß katalytisch wirkender Substanzen | Universitäts-Laboratorium | Knoevenagel | Heidelberg |
| 31 | **Fritz Schröter** | Über Kondensationen von $\beta$-Oxy-$\alpha$-naphtaldehyd mit Acetessigester und Analogen | Universitäts-Laboratorium | Knoevenagel | Heidelberg |
| 32 | **Otto Sevin** | Beitrag zur Kenntnis von sieben- und mehrgliedrigen heteroatomigen Ringen | Universitäts-Laboratorium Göttingen | Kötz | Heidelberg |
| 33 | **Adolf Saager** | Über Derivate des Phenoxazins | Universitäts-Laboratorium Genf | Kehrmann | Heidelberg |
| 34 | **Hans Schuch** | Über die Einwirkung von Hydrazinhydrat und Semicarbazidchlorhydrat auf Oxymethylencampher | Universitäts-Laboratorium | Knoevenagel | Heidelberg |
| 35 | **Max Mayer** | Über die Einwirkung von Hydrazinhydrat auf 1, 2, 4 Dinitrophenylhydrazin | Universitäts-Laboratorium | Curtius | Heidelberg |
| 36 | **Friedrich Steiner** | Über die Reduktion ungesättigter Phenoläther | Universitäts-Laboratorium | Klages | Heidelberg |
| 37 | **Richard Seligman** | Über die Oxydation von Oximen und primären Aminen | Polytechnikum Zürich | Bamberger | Heidelberg |

| | | | | | |
|---|---|---|---|---|---|
| 38 | Rudolf Bohn | Ein Beitrag zur Kenntnis aromatischer Aldehyde | Universitäts-Laboratorium | Gattermann | Heidelberg |
| 39 | Carlo Marangolo | Über die Einwirkung von Hydrazinhydrat auf m-Xylylmalonsäurediaethylester | Universitäts-Laboratorium | Curtius | Heidelberg |
| 40 | Ernst Klaiber | Über das Verhalten einiger sekundärer Säurehydrazide vom Typus des Dibenzhydrazids und Phtalhydrazids gegen alkalische Oxydationsmittel | Universitäts-Laboratorium | Mohr | Heidelberg |
| 41 | Ernst Muckermann | Über die Einwirkung von Hydrazinhydrat auf Bernsteinsäuremonoäthylester, Succinaminsäure und Succinimid | Universitäts-Laboratorium | Curtius | Heidelberg |
| 42 | Otto Miltsch | Über die Einwirkung von Luftsauerstoff auf Alkyläther | Privat-Laboratorium | Krafft | Heidelberg |
| 43 | Hermann Bollenbach | Über die Einwirkung von Hydrazinhydrat auf 2, 4-Dinitrobenzoësäure | Universitäts-Laboratorium | Curtius | Heidelberg |
| 44 | Eduard Münch | Über die Metallverbindungen der Aldehyd- und Keton-Kondensationsprodukte der Säurehydrazide | Universitäts-Laboratorium | Stollé | Heidelberg |
| 45 | Georg Wilhelm Lotterhos | Zur Kenntnis der aromatischen Aldehyde | Universitäts-Laboratorium | Gattermann | Heidelberg |
| 46 | Josef Malzi | Über ein Gesetz der elektrolytischen Reduktion | Universitäts-Laboratorium | Goldschmidt | Heidelberg |
| 47 | Arthur Jahn | Neue Reduktionsmethoden zur quantitativen Bestimmung der Halogene in Chloraten, Bromaten und Jodaten | Universitäts-Laboratorium | Jannasch | Heidelberg |
| 48 | Bernhard Bergdolt | Über das Verhalten einiger organischer Verbindungen bei höheren Temperaturen und bei Gegenwart von Kontaktsubstanzen | Universitäts-Laboratorium | Knoevenagel | Heidelberg |
| 49 | Milton Fox | Kondensation von aliphatischen Aldehyden mit Malonsäure und Cyanessigsäure bei Gegenwart organischer Basen | Universitäts-Laboratorium | Knoevenagel | Heidelberg |

## Universität Jena.

| Laufende Nr. | Name des Promovierten | Titel der Dissertation | Bezeichnung des Laboratoriums, in welchem die Arbeit ausgeführt worden ist | Name des Dozenten, welcher die Arbeit geleitet hat | Ort der Promotion |
|---|---|---|---|---|---|
| 1 | **Paul Trappe** | Über das Anhydrid des Diazoacetessigesters | Universitäts-Laboratorium Jena | Prof. Dr. Wolf | Jena |
| 2 | **Rudolf Lemme** | Über das 2.5 Hexandiol und seine Umwandlungsprodukte | Universitäts-Laboratorium Jena | Prof. Dr. Duden | Jena |
| 3 | **Guido Lorentz** | Beiträge zur Kenntnis der Diazoanhydride | Universitäts-Laboratorium Jena | Prof Dr. Wolf | Jena |
| 4 | **Paul Bock** | Über das Anhydrid des Diazobenzoylacetons | Universitäts-Laboratorium Jena | Prof Dr. Wolf | Jena |
| 5 | **Karl Büschelberger** | Beiträge zur Kenntnis einiger Camphanpyrrolabkömmlinge | Universitäts-Laboratorium Jena | Prof. Dr. Duden | Jena |
| 6 | **Karl Bock** | Versuche mit Tetramethyldiamidomethan und verwandten Basen | Universitäts-Laboratorium Jena | Prof. Dr. Duden | Jena |
| 7 | **Joseph Gold Robertson** | Beiträge zur Kenntnis des Camphenamins und Amidoborneols | Universitäts-Laboratorium Jena | Prof. Dr. Duden | Jena |
| 8 | **Karl Weilinger** | Über die Anlagerung von Acetessigester an Carvon | Universitäts-Laboratorium Jena | Dr. P. Rabe | Jena |
| 9 | **Berthold Wagner** | Quantitative Bestimmungen wäßriger Lösungen mit dem Pulfrichschen Eintauchrefraktometer | Universitäts-Laboratorium Jena (Abt. für Nahrungsmittelchemie) | Prof. Dr. H. Matthes | Jena |

## Technische Hochschule Karlsruhe.

| | | | | | |
|---|---|---|---|---|---|
| 1 | **Heinrich Broniatowski** aus Czenstochau | Zur Kenntnis der Nitrierung des Acetylmetaamidoacetophenons | Chem. Laboratorium Karlsruhe | Engler | Karlsruhe |
| 2 | **Stanislaus Heymann** aus Praszka | Die Nitrophenylketone des m- und p-Xylols, des Mesitylens und des Pseudocumols | Chem. Laboratorium Karlsruhe | Engler | Karlsruhe |
| 3 | **Alfred Krieger** aus Brötzingen | Über Abkömmlinge von 1, 5 Diamidoanthrachinon | Chem. Laboratorium Karlsruhe | Scholl | Karlsruhe |
| 4 | **Rudolf Russ** aus Prag | Über Reaktionsbeschleunigungen und Hemmungen bei elektrischen Reduktionen und Oxydationen | Chem. Techn. Laboratorium Karlsruhe | Haber | Karlsruhe |
| 5 | **Michael Sack** aus St. Petersburg | Über die Entstehung und Bedeutung von Natriumlegierungen bei der kathodischen Polarisation | Chem. Techn. Laboratorium Karlsruhe | Haber | Karlsruhe |

| | | | | | |
|---|---|---|---|---|---|
| 6 | **Rudolf Witzek** aus Gotha | Über die Schwefelverbindungen im Leuchtgase | Chem. Techn. Laboratorium Karlsruhe | Bunte | Karlsruhe |

## Universität Kiel.

| | | | | | |
|---|---|---|---|---|---|
| 1 | **Gustav Freist** | Über $\beta$-Isobutylisochinolin | Universitäts-Laboratorium Kiel | Rügheimer | Kiel |
| 2 | **Willy Lehmann** | Beiträge zur Kenntnis der Acetalisierung bei den Aldehyden und Diacylmethanen | Universitäts-Laboratorium Kiel | Claisen | Kiel |
| 3 | **Ludwig Schaumann** | Über $\beta$-Benzyltetrahydroisochinolin und $\alpha$-Benzylisochinolin. | Universitäts-Laboratorium Kiel | Rügheimer | Kiel |
| 4 | **Walter Peltz** | Beiträge zur Kenntnis des Propargylaldehyds und des aus ihm gewonnenen Isoxazols | Universitäts-Laboratorium Kiel | Claisen | Kiel |
| 5 | **Otto Mumm** | Beiträge zur Kenntnis der Isoxazole | Universitäts-Laboratorium Kiel | Claisen | Kiel |
| 6 | **Thankmar Arnd** | Über die Einwirkung von Semicarbazid auf Benzil, Benzoin und verwandte Stoffe | Universitäts-Laboratorium Kiel | Biltz | Kiel |
| 7 | **Konrad Meyer** | 1. Über das Amid der Acetessigsäure. 2. Beiträge zur Kenntnis der Isoxazole | Universitäts-Laboratorium Kiel | Claisen | Kiel |

## Universität Königsberg i. Pr.

| | | | | | |
|---|---|---|---|---|---|
| 1 | **Max Niehrenheim** | Beiträge zur Kenntnis der Chloräpfelsäure und Oxyfumarsäure | Universitäts-Laboratorium in Königsberg | Lossen | Königsberg |
| 2 | **Hans Dueck** | Über Monobromäpfelsäure | Universitäts-Laboratorium in Königsberg | Lossen | Königsberg |
| 3 | **Otto Lossen** | Beiträge zur Kenntnis des Camphorylhydroxylamins | Universitäts-Laboratorium in Königsberg | Lossen | Königsberg |
| 4 | **Fritz Morschöck** | Über Brommethacryl- und Isobrommethacrylsäure | Universitäts-Laboratorium in Königsberg | Lossen | Königsberg |
| 5 | **Mowscha Scheinberg** | Über die Einwirkung von Chlor und Brom auf Benzoësäure | Universitäts-Laboratorium in Königsberg | Lossen | Königsberg |
| 6 | **Paul Salzmann** | Chemisch-physiol. Untersuchungen über die Lebensbedingungen denitrifizierender Bakterien | Agrikultur-chemisches Laborator. | Stutzer | Königsberg |

## Universität Leipzig.

| Laufende Nr. | Name des Promovierten | Titel der Dissertation | Bezeichnung des Laboratoriums, in welchem die Arbeit ausgeführt worden ist | Name des Dozenten, welcher die Arbeit geleitet hat | Ort der Promotion |
|---|---|---|---|---|---|
| 1 | **Wilh. Bechler** aus Lengenfeld | Über isomere Reduktionsprodukte des Aethindiphtalids | I. Chem. Universitäts-Laborator. Leipzig | Wislicenus | Leipzig |
| 2 | **Arno Weiss** aus Leipzig | Untersuchungen zur Kenntnis bimolekularer Dicarboxylglutaconsäureester | I. Chem. Universitäts-Laborator. Leipzig | Hofrat Dr. Guthzeit | Leipzig |
| 3 | **Walter Vieweg** aus Altenburg | Die $\gamma$-Phenyl-$\alpha$-Indonessigsäure und Dipiperonyliden-Bernsteinsäure | I. Chem. Universitäts-Laborator. Leipzig | Stobbe | Leipzig |
| 4 | **Wilhelm Propach** a. Cronenberg i. Pr.-Rh | Über die 1, 3-Dibenzoylglutarsäurediäthylester, ihre Reduktions- und Verseifungsprodukte | I. Chem. Universitäts-Laborator. Leipzig | Wislicenus | Leipzig |
| 5 | **Johannes Martin Kuntze-Fechner** aus Leipzig | Über eine Darstellung des benachbarten Triphenylaethans und über die Einwirkung von Benzol auf Methylchloroform in Gegenwart von Aluminiumchlorid | I. Chem. Universitäts-Laborator. Leipzig | Wislicenus | Leipzig |
| 6 | **Arthur Werdermann** aus Stolp in Pommern | Über die Tautomerieerscheinungen ein. cyklischen Diketonesters d. Pentamethylenreihe | I. Chem. Universitäts-Laborator. Leipzig | Stobbe | Leipzig |
| 7 | **Robert Duncombe-Abell** aus Sandbach in England | Über die Kondensation von Aethylphenylketon mit Benzaldehyd und Benzoësäure-Aethylester und eine Synthese des Triphenylcyclopentans | I. Chem. Universitäts-Laborator. Leipzig | Wislicenus | Leipzig |
| 8 | **Julius Voigt** aus Altona | Über einige Versuche zur Darstellung von $\alpha$-Phenyladipinsäure sowie eine Darstellungsweise von $\beta$-Phenyladipinsäure und die Destillation ihres Calciumsalzes | I. Chem. Universitäts-Laborator. Leipzig | Wislicenus | Leipzig |
| 9 | **Friedrich Heinrich Raeder** aus Haan in Pr.-Rh. | Versuche zur Herstellung von Naphtoyl-Benzoyl-Methan und seiner Isomeren | I. Chem. Universitäts-Laborator. Leipzig | Wislicenus | Leipzig |
| 10 | **Felix Formstecher** aus Offenbach | Über die Reduktionsprodukte des Allylbenzoylessigesters | I. Chem. Universitäts-Laborator. Leipzig | Wislicenus | Leipzig |
| 11 | **Paul Oehmisch** aus Wernigerode | Über $\delta$-Jod-$\gamma$-Valerolacton, seine Kondensationsprodukte mit molekularem Silber und mit Natriummalonsäureester | I. Chem. Universitäts-Laborator. Leipzig | Wislicenus | Leipzig |

| | | | | | |
|---|---|---|---|---|---|
| 12 | **Friedrich Paul Wand** aus Nordhausen | Über ein Kondensationsprodukt von Phtalylchlorid u. Natriumphenylmalonsäureester und einige Spaltungsreaktionen desselben | I. Chem. Universitäts-Laborator. Leipzig | Wislicenus | Leipzig |
| 13 | **Friedrich Otto Walther Weihmann** aus Halle a. S. | Das 1, 1, 3, Tribenzoyl-2-Phenylpropan, seine Synthese, seine Aufspaltung und seine Reaktion mit Hydroxylaminchlorhydrat | I. Chem. Universitäts-Laborator. Leipzip | Wislicenus | Leipzig |
| 14 | **Fritz Müller** a Halle a. S. | Über das Methylstilben und das Isomethylstilben | I. Chem. Universitäts-Laborator. Leipzig | Wislicenus | Leipzig |
| 15 | **Ludwig Eberlein** a. Pößneck i. Thüringen | Über die Produkte der Einwirkung von Natrium auf Brommethyläther, von Natrium auf Brommethyläther und Trimethylenbromid und von Brommethyläther auf Natriumphenylmalonsäureester | I. Chem. Universitäts-Laborator. Leipzig | Wislicenus | Leipzig |
| 16 | **Thomas I. Murray** a. Paisley i. Schottland | Versuche zur Darstellung und Charakterisierung der $\beta$-Phenyl-$\alpha$-Chlormilchsäure und des Phenylacetaldehyds | I. Chem. Universitäts-Laborator. Leipzig | Wislicenus | Leipzig |
| 1 | **F. W. Skirrow** | Über die Löslichkeit von Kohlenoxyd in binären organischen Gemischen | Physikalisch-chemisches Institut | Luther | Leipzig |
| 2 | **W. Flemming** | Über die Gerinnungsgeschwindigkeit kolloidaler Kieselsäure | Physikalisch-chemisches Institut | Ostwald | Leipzig |
| 3 | **Ch. E. Fawsitt** | Die Zersetzung des Harnstoffs | Physikalisch-chemisches Institut | Ostwald und Bodenstein | Leipzig |
| 4 | **A. A. Blanchard** | Über die Zersetzung des Ammoniumnitrits | Physikalisch-chemisches Institut | Ostwald u. Luther | Leipzig |
| 5 | **H. Morse** | Über die Dissoziation der Merkurihaloide | Physikalisch-chemisches Institut | Luther | Leipzig |
| 6 | **E. v. Pickardt** | Die molekulare Verminderung der Kristallisationsgeschwindigkeit durch Zusatz von Fremdstoffen | Physikalisch-chemisches Institut | Ostwald | Leipzig |
| 7 | **F. G. Cottrell** | Der Reststrom bei galvanischer Polarisation betrachtet als ein Diffusionsproblem | Physikalisch-chemisches Institut | Luther | Leipzig |
| 8 | **G. Jaffé** | Studien an übersättigten Lösungen | Physikalisch-chemisches Institut | Ostwald | Leipzig |
| 9 | **H. Freundlich** | Über das Ausfällen kolloidaler Lösungen durch Elektrolyte | Physikalisch-chemisches Institut | Ostwald u. Luther | Leipzig |
| 10 | **J. Scobai** | Über die Zersetzung des $KClO_3$ nebst einigen Beobachtungen über die Zersetzung des $NaClO_3$ und des $NaClO_4$ | Physikalisch-chemisches Institut | Bodenstein | Leipzig |

## Universität Leipzig. Fortsetzung.

| Laufende Nr. | Name des Promovierten | Titel der Dissertation | Bezeichnung des Laboratoriums, in welchem die Arbeit ausgeführt worden ist | Name des Dozenten, welcher die Arbeit geleitet hat | Ort der Promotion |
|---|---|---|---|---|---|
| 11 | L. Sauer | Über Vergleichselektroden | Physikalisch-chemisches Institut | Luther | Leipzig |
| 12 | P. Düllberg | Über den Zustand der Vanadate in wäßrigen Lösungen | Physikalisch-chemisches Institut | Luther | Leipzig |
| 13 | H. Kühl | Beiträge zur Kenntnis der Kinetik des Kohlenoxydknallgases | Physikalisch-chemisches Institut | Bodenstein | Leipzig |
| 14 | P. von Schröder | Über Erstarrungs- u. Quellungserscheinungen von Gelatine | Physikalisch-chemisches Institut | Ostwald u. Luther | Leipzig |
| 1 | Franz Kirchhoff | Bestimmung der Molekulargröße des Jods in seinen Lösungen | Laboratorium für angew. Chemie der Universität Leipzig | E. Beckmann | Leipzig |
| 2 | Johannes Scheiber | Über α-Naphtylhydroxylamin und das Verhalten von N-Arylhydroxylaminen gegenüber Ketonen | Laboratorium für angew. Chemie der Universität Leipzig | E. Beckmann | Leipzig |
| 3 | Robert Pabst | Beiträge zur Kenntnis der Anile | Laboratorium für angew. Chemie der Universität Leipzig | E. Beckmann | Leipzig |
| 4 | Wilhelm Lommel | Beiträge der Kenntnis der Aldoxime und ihrer Umlagerung durch Fluorwasserstoff | Laboratorium für angew. Chemie der Universität Leipzig | E Beckmann | Leipzig |
| 5 | Max Ebert | Halogenderivate der Stickstoff-Alkylaldoxime | Laboratorium für angew. Chemie der Universität Leipzig | E. Beckmann | Leipzig |
| 6 | Walter Hentschel | Beiträge zur Kenntnis des Verhaltens der Carbanilido-N-Arylaldoxime gegen verschiedene Basen | Laboratorium für angew. Chemie der Universität Leipzig | E. Beckmann | Leipzig |
| 7 | Wilhelm Brinkmann | Die innere Reibung als Hülfsmittel zur Erkennung und Unterscheidung ähnlich konstituierter Verbindungen | Laboratorium für angew. Chemie der Universität Leipzig | K. Beck | Leipzig |
| 1 | Ottomar Thiele | Über Uroferrinsäure | Chemische Abteilung des physiologischen Instituts | M. Siegfried | Leipzig |
| 2 | Fritz Müller | Beiträge zur Kenntnis der Antipeptone | Chemische Abteilung des physiologischen Instituts | M. Siegfried | Leipzig |
| 3 | Kurt Borkel | Beiträge zur Kenntnis der peptischen und tryptischen Verdauung des Eiweißes | Chemische Abteilung des physiologischen Instituts | M. Siegfried | Leipzig |

## Universität Marburg.

| | | | | | |
|---|---|---|---|---|---|
| 1 | W. Braun | Beiträge zur Kenntnis der Bromsilbergelatine | Chemisches Institut Marburg | Dr. Schaum | Marburg |
| 2 | V. Bellach | Die Struktur der photographischen Negative | Chemisches Institut Marburg | Dr. Schaum | Marburg |
| 3 | M. Klassert | Kritische Untersuchungen über die Bestimmung der Phosphorsäure als Magnesiumammonphosphat bezw. Magnesiumpyrophosphat | * | * | Marburg |
| 4 | W. Heyne | Über o-Biderivate der p-Benzolsulfosäure | Chemisches Institut Marburg | Zincke | Marburg |
| 5 | R. von der Linde | Über Oxydations- und Reduktionsketten | Chemisches Institut Marburg | Dr. Schaum | Marburg |
| 6 | W. Wollenberg | Über Derivate des Dioxytriphenylmethans | Chemisches Institut Marburg | Zincke | Marburg |
| 7 | H. Fischer | Untersuchung über o-Diamidostilben | Chemisches Institut Marburg | Zincke | Marburg |
| 8 | H. Bruncke | Über Bromderivate des α Naphtols | Chemisches Institut Marburg | Zincke | Marburg |
| 9 | Ph. Malkomesius | Über die Einwirkung von conc. Salpetersäure auf 2.5 Toluidinsulfosäure | Chemisches Institut Marburg | Zincke | Marburg |
| 10 | S. Münch | Untersuchungen über p-Dioxystilben | Chemisches Institut Marburg | Zincke | Marburg |
| 11 | C. Böttcher | Über Derivate des Tetrabrom-p-Kresolpseudobromids | Chemisches Institut Marburg | Zincke | Marburg |
| 12 | A. Fingerling | Untersuchungen über Benzimidazol | Chemisches Institut Marburg | Zincke | Marburg |
| 1 | Hilderich Ihlder | Über Abkömmlinge des Chinolins und Isochinolins | Pharmaz.-chem. Institut Marburg | E. Schmidt | Marburg |
| 2 | Wilhelm Martin Ottow | Chemische Untersuchungen über Phyllanthus Niruri und über Euphorbon | Pharmaz.-chem. Institut Marburg | E. Schmidt | Marburg |

## Universität München.

| | | | | | |
|---|---|---|---|---|---|
| 1 | Charles Hollander | Synthesen der Ecgoninsäure und Studien zur Synthese des Hygrins | Chemisches Laboratorium des Staates | Dr. Willstätter | München |
| 2 | Friedrich Ettlinger | Synthese der Hygrinsäure und der α-Pyrrolidincarbonsäure | Chemisches Laboratorium des Staates | Dr. Willstätter | München |
| 3 | Heinrich Rossi | Beiträge zur Kenntnis des vierwertigen Urans | Chemisches Laboratorium des Staates | Dr. Kohlschütter | München |
| 4 | Friedrich Jsernhagen | Der Farbstoff der chinesischen Gelbschoten und dessen Beziehung zum Safranfarbstoff | Laboratorium für angewandte Chemie | Dr. A. Hilger | München |

## Universität München. Fortsetzung.

| Laufende Nr. | Name des Promovierten | Titel der Dissertation | Bezeichnung des Laboratoriums, in welchem die Arbeit ausgeführt worden ist | Name des Dozenten, welcher die Arbeit geleitet hat | Ort der Promotion |
|---|---|---|---|---|---|
| 5 | **Hans Balhorn** | Die negative Wirkung der Kohlenstoffdoppelverbindungen auf benachbarte Methylengruppen speziell beim Cyclopentadiën | Chemisches Laboratorium des Staates | Dr. Joh. Thiele | München |
| 6 | **Hans Geisow** | Über Kenntnis der seltenen anorganischen Säuren | Chemisches Laboratorium des Staates | Dr. Hofmann | München |
| 7 | **Johannes Hoppe** | Über die Einwirkung von Phenyl-i-cynat auf 1-3-Dicarbonylverbindungen | Chemisches Laboratorium des Staates | Dr. Dieckmann | München |
| 8 | **Edward Mason** | Die Bestimmung des präexistierenden Zuckers im Malz und seine Entstehung bei der Keimung | Laboratorium für Gärungschemie der techn. Hochschule München | Lintner | München |
| 9 | **Werner Stihle** | Über Verbindungen des Fluorwasserstoffs | Laboratorium für angewandte Chemie | Weinland | München |
| 10 | **Otto Buhlmann** | Zur Kenntnis des Anthranils und des Benzamids | Chemisches Laboratorium des Staates | Einhorn | München |
| 11 | **Max Rüdiger** | Über Kondensationsprodukte von Inden mit Oxalester | Chemisches Laboratorium des Staates | Thiele | München |
| 12 | **Simon Rothenfusser** | Über den Schleimkörper im Leinsamenschleim | Laboratorium für angewandte Chemie | Hilger | München |
| 13 | **Hans Schoenewald** | Die Anlagerung von schwefliger Säure an Conchinin und Chinin | Chemisches Laboratorium des Staates | Königs | München |
| 14 | **Ferdinand Stockhausen** | Die Kondensation von $\beta$-Methylchinaldin | Chemisches Laboratorium des Staates | Königs | München |
| 15 | **Wilhelm Hahnenkamm** | Kondensationsprodukte des 2,4 Dinitrotoluols und des 2,4 Dinitrobenzaldehydes | Chemisches Laboratorium des Staates | Thiele | München |
| 16 | **Richard Huppertsberg** | Metallammoniaksalze der Borsäure und der phosphorigen Säure | Chemisches Laboratorium des Staates | Hofmann | München |
| 17 | **Georg Barttlingck** | Verbindungen von Selenaten mit Jodaten, Phosphaten und Arseniaten | Laboratorium für angewandte Chemie | Weinland | München |
| 18 | **Kurt Feige** | Halogendoppelsalze vom fünfwertigen Antimon | Laboratorium für angewandte Chemie | Weinland | München |

| | | | | | |
|---|---|---|---|---|---|
| 19 | **Constant Griebel** | Über den Kaffeegerbstoff | Laboratorium für angewandte Chemie | Hilger | München |
| 20 | **Walter Petri** | Gerbstoff und Farbstoff der Früchte des Weinstocks | Laboratorium für angewandte Chemie | Hilger | München |
| 21 | **Rudolf Thurm** | Über den Salepschleim | Laboratorium für angewandte Chemie | Hilger | München |

## Technische Hochschule München.

| | | | | | |
|---|---|---|---|---|---|
| 1 | **Josef Flachsländer** | Über Nitroäthylbenzole und daraus hergestellte Tetrazofarbstoffe | Organ.-chem. Laboratorium der techn. Hochschule in München | G. Schultz | München |
| 2 | **Max Herrmann** | Über die Sulfurierung des m-Nitrotoluols | Organ.-chem. Laboratorium der techn. Hochschule in München | G. Schultz | München |
| 3 | **Roderich König** | Über Cinchotintoxin und einige Derivate des Cinchotoxins | Organ.-chem. Laboratorium der techn. Hochschule in München | Rohde | München |
| 4 | **Viktor Rhomberg** | Beiträge zur Kenntnis des Benzylidenanilinnitrils | Organ.-chem. Laboratorium der techn. Hochschule in München | Rohde | München |
| 5 | **Heinrich Merkel** | Über Bromprodukte und Alkalimetallverbindungen des Chinophtalons und ein Isomeres desselben | Organ.-chem. Laboratorium der techn. Hochschule in München | Eibner | München |
| 6 | **Rupert Stäble** | Über Benzochinonsulfosäure | Chem.-techn. Laboratorium der techn. Hochschule in München | G. Schultz | München |
| 7 | **Joseph Erber** | Über Amidoalizarine | Chem.-techn. Laboratorium der techn. Hochschule in München | G. Schultz | München |
| 8 | **Karl Kraft,** Kufstein | Untersuchungen über das Cer und das Lanthan | Anorgan.-chem. Laboratorium der technischen Hochschule | Muthmann | München |
| 9 | **Karl Ecker,** Nußdorf | Über die Elektrolyse organischer Salze | Elektrochemisches Laboratorium | H. Hofer | München |
| 10 | **Ernst Mühlbach** | Über die Elektrolyse von Cerosalzen | Elektrochemisches Laboratorium | Muthmann | München |

## Universität Rostock.

| | | | | | |
|---|---|---|---|---|---|
| 1 | **Richard Seiler** | Zur Kenntnis des $\beta$ Succinylphenylhydrazides und seiner Derivate | Chemisches Institut der Universität Rostock | Prof. Michaelis | Rostock |
| 2 | **Karl Grohmann** | Über Phenylhalogenpyrazole | Chemisches Institut der Universität Rostock | Prof. Michaelis | Rostock |

## Universität Rostock. Fortsetzung.

| Laufende Nr. | Name des Promovierten | Titel der Dissertation | Bezeichnung des Laboratoriums, in welchem die Arbeit ausgeführt worden ist | Name des Dozenten, welcher die Arbeit geleitet hat | Ort der Promotion |
|---|---|---|---|---|---|
| 3 | **Leon Hirschberg** | Kondensation von p-Chlorbenzylcyanid und Säureestern vermittels Natriumaethylat | Organ. Laboratorium der techn. Hochschule Dresden | Prof. Dr. E. v. Meyer | Rostock |
| 4 | **Bruno Kahlert** | Beiträge zur Kenntnis der Aufspaltung des Cumarons und einiger seiner Derivate | Chemisches Institut der Universität Rostock | Prof. Dr. Stoermer | Rostock |
| 5 | **Max Claasz** | Einwirkung von Phenoxylessigsäurechlorid auf Acetessigester und Homologe | Chemisches Institut der Universität Rostock | Prof. Dr. Stoermer | Rostock |
| 6 | **Max Stein** | Über das Selenopyrin und dessen Derivate | Chemisches Institut der Universität Rostock | Prof. Michaelis | Rostock |
| 7 | **Linus Linke** | Über die Einwirkung von Phosphortrichlorid, Phosphoroxychlorid und Phosphorsulfochlorid auf Thiophenol | Chemisches Institut der Universität Rostock | Prof. Michaelis | Rostock |
| 8 | **Ferdinand Guth** | Über synthetisch dargestellte einfache und gemischte Glycerinester fetter Säuren | Hygienisches Institut der Universität Rostock | Prof. Dr. Pfeiffer | Rostock |
| 9 | **Arnold Nabl** | Über Einwirkungen von Hydroperoxyd | Chemisches Institut der Universität Wien | Prof. E. Lippmann | Rostock |
| 10 | **Felix Schneemann** | Über arsenhaltige Derivate des Aethylbenzols | Chemisches Institut der Universität Rostock | Prof. Michaelis | Rostock |
| 11 | **Rudolf Hanisch** | Über den 2, 6 Dimethyl 4 Chlor-Nikotinsäureester und dessen Derivate | Chemisches Institut der Universität Rostock | Prof. Michaelis | Rostock |
| 12 | **Richard Wehln** | Über die Kondensation des Phenacetols mit aromatischen Aldehyden | Chemisches Institut der Universität Rostock | Prof. Stoermer | Rostock |
| 13 | **Adalbert Mahler** | Über die Einwirkung von Butyrylchlorid auf Toluol und m-Xylol in Gegenwart von Chloraluminium | Chemisches Institut der Universität Heidelberg und Rostock | Prof. Dr. Krafft<br>Prof. Michaelis | Rostock |
| 14 | **Edmund Obarski** | Über Umwandlung aromatischer Säureazide in Phenylcyanate | Chemisches Institut der Universität Rostock | Prof. Stoermer | Rostock |
| 15 | **Arno Schüler** | Über einige Derivate des 1 Oxy-4 Amido-ω-Chloracetophenons, sowie einige Cumaranon- und Flavon-Derivate | Chemisches Institut der Universität Rostock | Dr. Kunckell | Rostock |
| 16 | **Richard Blochmann** | Untersuchungen über die o-Hydrazinbenzoësäure | I. Chemisches Institut der Universität Berlin | Prof. E. Fischer | Rostock |

| | | | | | |
|---|---|---|---|---|---|
| 17 | **Louis Mottek** | Über die Einwirkung von Aethoxylphosphorchlorür auf sekundäre aliphatische Amine | Chemisches Institut der Universität Rostock | Prof. Michaelis | Rostock |
| 18 | **Felix Lindner** | Beiträge zur Kenntnis der Phenmorpholinderivate | Chemisches Institut der Universität Rostock | Prof. Stoermer | Rostock |
| 19 | **Willy Möller** | Über das 1 Phenyl-2, 3, 4 trimethyl-2,5 thiopyrazol | Chemisches Institut der Universität Rostock | Prof. Michaelis | Rostock |

## Universität Strassburg.

| | | | | | |
|---|---|---|---|---|---|
| 1 | **Franz Stadelmayr** | Über die Einwirkung von Natronlauge auf das β-Brombutyrolacton | Chemisches Institut Straßburg | Fittig | Straßburg |
| 2 | **Fritz Brecher** | Über die durch Anlagerung von Ammoniak an ungesättigte Säuren entstehenden β-Amidosäuren | Chemisches Institut Straßburg | Köhl | Straßburg |
| 3 | **Oskar Scheen** | Über die Methylitakonsäure und ihr Verhalten gegen Brom | Chemisches Institut Straßburg | Fittig | Straßburg |
| 4 | **Georg Wernher** | Kondensation von Valerolacton und Bernsteinsäureäthylester mit Aethylat | Chemisches Institut Straßburg | Fittig | Straßburg |
| 5 | **Walter Friedmann** | Über die Oxy-i-terebinsäure und das Isoheptodilacton | Chemisches Institut Straßburg | Fittig | Straßburg |
| 6 | **Willy Hildebrand** [1]) | Über die Kondensation des Acetylacetons mit bernsteinsaurem Natrium unter der Mitwirkung von Essigsäureanhydrid | Chemisches Institut Straßburg | Köhl | Straßburg |
| 7 | **Ernst Friedmann** | Beiträge zur Kenntnis der physiolog. Beziehungen der schwefelhaltigen Eiweißabkömmlinge | Physiolog.-chemisches Institut Straßburg | Hofmeister | Straßburg |

## Technische Hochschule Stuttgart.

| | | | | | |
|---|---|---|---|---|---|
| 1 | **Karl Klenk** | Untersuchungen über Bromderivate des Safrols | Laboratorium für allgem. Chemie | Hell | Heidelberg |

[1]) Die unter 1—6 genannten Kandidaten haben die Prüfung noch unter Prof. Fittig abgelegt.

## Universität Tübingen.

| Laufende Nr. | Name des Promovierten | Titel der Dissertation | Bezeichnung des Laboratoriums, in welchem die Arbeit ausgeführt worden ist | Name des Dozenten, welcher die Arbeit geleitet hat | Ort der Promotion |
|---|---|---|---|---|---|
| 1 | **Fritz Oberheide** | Beiträge zur Isomeriefrage in der Reihe der asymmetrischen Tolylammoniumsalze nebst neuen Betrachtungen über sterische Hinderung | Chemisches Laboratorium der Universität Tübingen | E. Wedekind | Tübingen |
| 2 | **Robert Oechslen** | Über zyklisch asymmetrische Ammoniumsalze mit besonderer Berücksichtigung der Isomeriefrage und der Doppeldissoziation | Chemisches Laboratorium der Universität Tübingen | E. Wedekind | Tübingen |
| 3 | **Otto Hollerith** | Ein Beitrag zur Kenntnis neuer Kondensationsprodukte aus mehrwertigen Phenolen und alkylsubstituierten Acetessigestern | Chemisches Laboratorium der Universität Tübingen | H. v. Pechmann<br>K. Bülow | Tübingen |
| 4 | **Friedrich Furrer** | Ein Beitrag zur Kenntnis von Umwandlungsprodukten amidierter Cumarine | Chemisches Laboratorium der Universität Tübingen | H. v Pechmann<br>K. Bülow | Tübingen |
| 5 | **Oskar Schmidt** | Studien in der Santoningruppe | Chemisches Laboratorium der Universität Tübingen | E. Wedekind | Tübingen |
| 6 | **John Alexander Mussett** | Über die Konstitution des Kondensationsproduktes aus Orcin- und Acetessigester | Chemisches Laboratorium der Universität Tübingen | H. v. Pechmann<br>K. Bülow | Tübingen |
| 7 | **Rudolf Zoeppritz** | Über eine Synthese aromatischer Oxyaldehyde u. über die Kondensationsprodukte aus aromatischen Aldehyden u. Aminen | Chemisches Laboratorium der Universität Tübingen | O. Dimroth | Tübingen |
| 8 | **Heinrich Feuchter** | Propionylphenylessigester und seine Reaktionsprodukte mit Phosphorpentabromid und Phosphorpentachlorid | Chemisches Laboratorium der Universität Tübingen | O. Dimroth | Tübingen |
| 9 | **Wilhelm Lambrecht** | Über Nitroderivate der Cumarine. — Verhalten von Kupfersalzen schwacher Säuren gegen Methylalkohol | Chemisches Laboratorium der Universität Tübingen | H. v. Pechmann<br>Bülow<br>W. Wislicenus | Tübingen |

## Universität Würzburg.

| | | | | | |
|---|---|---|---|---|---|
| 1 | **Cecil H. Desch** | Über farbige organische Ferriverbindungen | Chemisches Institut der Universität Würzburg | A. Hantzsch | Würzburg |

| | | | | | |
|---|---|---|---|---|---|
| 2 | Paul Bamberg | 1. Zur Kenntnis halogenisierter u. nitrierter Diazosalze. | Chemisches Institut der Universität Würzburg | A. Hantzsch | Würzburg |
| | | 2. Zur Kenntnis des Cotarnins | Chem. Laboratorium des physikal. Vereins Frankfurt a. M. | M. Freund | Würzburg |
| 3 | Alfred Densch | 1. Über Fluorenoxalester. 2. Über Einwirkung von Ameisenester auf Fluoren | Chemisches Institut der Universität Würzburg | W. Wislicenus | Würzburg |
| 4 | Heinrich Koerber | Über intramolekulare Wanderung von Atomgruppen | Chemisches Institut der Universität Würzburg | W. Wislicenus | Würzburg |
| 5 | Hugo Bauer | Über Cyanursäure-Derivate | Chemisches Institut der Universität Würzburg | A. Hantzsch | Würzburg |
| 6 | Ferdinand Pfeffermann | Über elektrolytische Reduktion von Hydrazonen und Oximen | Chemisches Institut der Universität Würzburg | J. Tafel | Würzburg |
| 7 | Anton Endres | 1. Über Nitriertung mittels Aethylnitrat 2. Über die Kupferverbindungen des Oxalessigesters | Chemisches Institut der Universität Würzburg | W. Wislicenus | Würzburg |
| 8 | Wilhelm Pohl | Über Isomerie zwischen Antidiazohydraten und primären Nitrosaminen | Chemisches Institut der Universität Würzburg | A. Hantzsch | Würzburg |
| 9 | Rudolf Witz | 1. Über Anile aus Thiophenaldehyd. 2. Über Diazoderivate aus p-Aminodiphenylamin | Chemisches Institut der Universität Würzburg | A. Hantzsch | Würzburg. |
| 10 | Ludwig Lendle | 1. Über Isomerieerscheinungen bei Phosphiten. 2. Über das Verhalten von Natriumsulfat in wäßriger Lösung | Chemisches Institut der Universität Würzburg | A. Hantzsch | Würzburg |
| 11 | Elkan Wechsler | Über Beziehungen zwischen Nitroso- und Diazoverbindungen | Chemisches Institut der Universität Würzburg | A. Hantzsch | Würzburg |
| 12 | Konrad Schäfer | Untersuchungen über die Konstitution von Quecksilber- und Silbersalzen | Chemisches Institut der Universität Würzburg | H. Ley | Würzburg |
| 13 | Paul Hesse | Über die Formylglutaconsäureester | Chemisches Institut der Universität Würzburg | W. Wislicenus | Würzburg |
| 14 | Gottwald Roemwolt | Zur Natur der farbigen und farblosen Derivate des Succinylobernsteinsäureesters | Chemisches Institut der Universität Würzburg | A. Hantzsch | Würzburg |
| 15 | Ernst Holzweissig | 1. Über Oxyamidine. 2. Über Dissoziation von Kupfersalzen organischer Säuren | Chemisches Institut der Universität Würzburg | H. Ley | Würzburg |
| 16 | H. W. Bywaters | Über die Einwirkung von Hydrazinen auf Formylessigester | Chemisches Institut der Universität Würzburg | W. Wislicenus | Würzburg |

# Berichtigungen zum vierten Bericht.

Die folgenden 16 Zeugnisse sind zum Teil (a) versehentlich schon in früheren Berichten aufgeführt worden, zum Teil im vierten Bericht unter zwei Hochschulen (b) oder im vierten Bericht nach nur teilweiser Erledigung des Verbandsexamens (c).

a) 1513, 1517, 1633, 1635, 1636, 1733, 1740, 1915, 2056, 2061, 2410, 2451.

b) 2068, 2070, 2073.

c) 3215.

Ferner sind die Dissertationen 1 (W. Wilke) und 3 (R. Seldis) auf Seite 90/91 bereits im dritten Bericht (Seite 59) aufgeführt worden.

Für die Seite 19 unter
**Techn.-chem. Laboratorium der Königl. Techn. Hochschule zu Berlin**
angezeigten Zeugnisse sind die folgenden Zeugnisnummern nachzutragen:

1806 für Alexander Gollmann,
1807 „ Eduard Heubach,
1808 „ Miccislaw Cohn,
2467 „ Aladár Pocz,
1809 „ Joachim Hausmann.

Die Zeugnisnummer für Adolf Wirsing (Seite 59) ist **748** und nicht 747.

# Duplikate.

Bis zum 1. August 1903 ist die Ausstellung folgender Duplikate angezeigt worden:

| No. | Inhaber | Aussteller |
|---|---|---|
| 189 | Friedrich Winter | Prof. Alex. Naumann |
| 2901 | Heinr. Katz | „ „ „ |
| 2353 | Aug. Ganghofer | „ Wislicenus. |

Druck von Oskar Leiner in Leipzig. 1466

**Leipzig.**
Druck von Oskar Leiner.
1815

Kolibri 360 GmbH
Ferdinand-Jühlke-Straße 7
99095 Erfurt, Deutschland
produktsicherheit@kolibri360.de